广 雅

聚 焦 文 化 普 及 ， 传 递 人 文 新 知

广　大　而　精　微

袁枚的讲究

趣读《随园食单》

林卫辉 ◎ 著

广西师范大学出版社

GUANGXI NORMAL UNIVERSITY PRESS

· 桂林 ·

袁枚的讲究：趣读《随园食单》

YUANMEI DE JIANGJIU: QUDU SUIYUANSHIDAN

图书在版编目（CIP）数据

袁枚的讲究 ：趣读《随园食单》 / 林卫辉著.

桂林 ：广西师范大学出版社，2025. 8（2025.11 重印）.

ISBN 978-7-5598-8224-0

Ⅰ．TS972.117

中国国家版本馆 CIP 数据核字第 20256X9F04 号

广西师范大学出版社出版发行

（广西桂林市五里店路 9 号　邮政编码：541004）
（网址：http://www.bbtpress.com）

出版人：黄轩庄

全国新华书店经销

广西广大印务有限责任公司印刷

（桂林市临桂区秧塘工业园西城大道北侧广西师范大学出版社

集团有限公司创意产业园内　邮政编码：541199）

开本：880 mm ×1 240 mm　1/32

印张：8.375　　字数：200 千

2025 年 8 月第 1 版　　2025 年 11 月第 2 次印刷

定价：68.00 元

如发现印装质量问题，影响阅读，请与出版社发行部门联系调换。

随园一景

序：对《随园食单》中厨者之功夫、食者之心法的首创性解读

罗韬

　　袁随园道广才高，论才性的放旷，世情的洞达，学问的博雅，识见的超卓，诗文的妙趣，都可与苏东坡相颉颃。但他去今日近，声名又一度凌越一世，享不虞之誉，必有求全之毁，故成了后辈诟骂的对象，读过点书的人几乎都借骂袁以自鸣其高；而东坡遭际坎壈，又去今日远，骂东坡之人如朱熹辈，反成被骂之人，东坡污垢尽洗，玉洁珠明，今日教授"名嘴"辄以誉苏为时尚，说得余香满口，其实多属未饮先醉。庸众之所非者未必非，庸众之所是者未必是。

　　骂袁随园最狠的评语，曰"名教罪人"，略晚于他的几位"文化名人"，一面骂他，一面居然亦步亦趋。毕竟，随园之行为，"不外人情"而已。所以我对史上之"名教罪人"，都多增三分看重。随园诗曰："有目必好色，有口必好味，戒之使不然，口目成虚器。"就算今日之正人君子、才媛淑女，亦未必敢这样说。他是这样想，就这样写，也这样

做的。

庄子说过一句很"不庄子"的话"嗜欲深者天机浅"。但对于随园而言,却往往在嗜欲深处悟天机,他夫子自道"平生品味似评诗,别有酸咸世不知"。所谓"别有酸咸",正是机微所在。中医有句话,叫"舌为心之苗"。这话说得真好——舌之妙用,正在格物与自省之间——味之来源是妙用食材,味之领略则存乎一心。他的一部《随园食单》,就是从格物中来,亦从自省中来。这是中国古代饮食理论与实践的集大成之作。或许他的《随园诗话》有言之过滥的弊端,但《随园食单》却是言之有物、言之成理、言之有趣的美食经典。而林卫辉先生以一个既有文献修养又深耕厨艺研究的学者之功力,做足形下之功夫,调动形上之参悟,对《随园食单》作了一番现代诠释,其中对有关厨者之功夫、食者之心法、为主之妙方、为客之受用,都作了首创性的解读。说卫辉是随园功臣,是恰如其分的。

袁随园论食,首重一"品"字。在我看来,品有三义:一曰品格,当然首先要免俗,不能一味好华斗奢;二曰品类,就是味有多方,察类明故,知赏异量之美;三曰品尝,就是以舌为本,切忌"耳餐"。这从他论豆腐之美,可以见其品:"何为耳餐?耳餐者,务名之谓也。贪贵物之名,夸敬客之意,是以耳餐,非口餐也。不知豆腐得味,远胜燕窝;海菜不佳,不如蔬笋。"这其中包含一个他的核心价值观,就是平等二字,这全方位贯穿于他的谈诗论世待人,乃至品食中。他的诗,有"石壕村里夫妻别,泪比长生殿上多";而对于食,有"豆腐得味,远胜燕窝"。这就是一个主张去除成见、一切平等的随园之品。

袁随园论食，一反"君子远庖厨"之迂，他为一个"法"字，每问师于庖丁。这时，林卫辉先生经常忍不住"现身"现场"相与谈艺"。如随园谈到"双钵蒸蹄膀"，蹄膀不小，要一个钵套上另一个钵才盖得严实。但严实不是第一要义，要义在哪？卫辉分析：这种方法，使得外面的水蒸气进不去，但里面的酒精在七十八摄氏度左右开始从两个钵之间的空隙中挥发出来。这个过程也是酒与蹄膀产生酯化反应，生成具有芳香气味的乙酸乙酯的过程。如果用过于严实的盖密封，水蒸气进不去，但酒也出不来，蒸出来的蹄膀酒味过浓。随园只是"道其然"，卫辉是"道其所以然"。此类精彩诠释，书中比比皆是。想随园听了，也要说"后生可畏"。

此外，一个"兴"字，是食家不可或缺的。食，有所谓"文食"，可以品其致；有所谓"武食"，可以尽其兴，这亦是酸咸以外的妙处。袁随园谈到中秋节如何食掉一个五斤重的红焖猪头，如何尽兴享用这凡人眼中的粗物：他请来几位朋友，大中午先"调虎离山"地拉他们出去游山玩水，到天黑月明才回转返家，此时大家饥肠辘辘，以前穷人说"过午当肉"，饿了吃什么都香，一个大猪头被噍吃殆尽，不在话下。对此卫辉评：中秋佳节，金陵胜景，志趣相投的朋友，居然还有一个猪头"调味"，在袁枚笔下，即便形态粗陋的猪头也上得了台面，一样雅趣盎然。一个猪头得到了最佳的待遇，这就是食之"兴"了。

回味旧食，常生感慨。一个"慨"字，应该是最深沉的味了。当袁随园回忆老友陶易家的十种点心时，生出"自陶方伯亡，而此点心亦成《广陵散》矣。呜呼！"感慨良深，其中着一"亡"字，正是刘知几所谓

"用晦"，卫辉没有轻易放过。对这曲笔之意，他调用了《清史稿》《随园诗话》《子不语》等材料，对江苏布政使陶易在乾隆四十三年（1778）遭逢的文字狱作了深入的考察。陶易是随园老友，与其心心相印，且为官清正，其辖内一已故举人的两句诗，被小人深文周纳，检举到朝中，乾隆皇帝断为反诗，要严加追杀。陶易生怕众人蒙此瓜蔓之祸，加以回护，即被解京问斩。随园比之为冤死的三国名士嵇康，于是，借不能再食陶夫人手造的"十景点心"，而发出"广陵散于今绝矣"的感慨。如果没有卫辉这一番爬梳细考，我们对那"呜呼"二字的深沉感慨，就会一眼滑过，辜负了随园文字背后的苦心。

由此上溯，随园少年科第，但三十四岁即告别官场，自放于江湖，自营一种风流倜傥的狂奴意态。此时，不是正逢所谓"康乾盛世"吗？孔子曰："邦有道，则仕；邦无道，则可卷而怀之。"在随园看来，这"盛世"，是有道乎？抑无道乎？呜呼！

前言：做个有趣的人

写美食，让不少人羡慕，天天谈吃聊喝，很是欢乐。的确，美食令人愉悦，写美食，加上经常接触美食，吃香喝辣的自然少不了，但这不能与有趣画等号，君不见有人把自己吃到肥头大耳一身病，有人"吃人嘴软"，违心地写应酬文章，读来味同嚼蜡吗？在吃吃喝喝中找到乐趣，做个有趣的人，这是我的努力方向，目前还做不到。有人做到了，这个人就是袁枚。

1716年3月，袁枚（字子才，号简斋）生于杭州。袁枚曾说"我家虽式微，氏族非小草"，袁枚高祖袁槐眉在明崇祯时任侍御史，到了他父亲袁滨这一代，已经家道中落，以外出当幕僚养家糊口。好在袁枚的母亲章氏教子有方，"其教枚也，自幼至长，从无笞督，有过必微词婉讽，如恐伤之"。加上家族的读书基因，袁枚五岁开蒙，七岁入私塾，十二岁与其师史玉瓒同中秀才，十八岁时，"受知于浙督程公元章，送入万松书院"，被补为廪生，由公家给以膳食，每年发廪饩银四两。

浙江人才辈出，内卷得厉害，袁枚屡次参加举人考试都不中，他突发奇想，决定去投奔在广西巡抚金鉷幕中当师爷的叔叔袁鸿，父亲给他凑了二两银子，好朋友柴东升又赠送了他十二两银子，走了近两个月，"忍饥受寒"到了桂林。袁鸿把袁枚介绍给金鉷，这改变了袁枚的命运。金鉷特别赏识袁枚，将袁枚的骈文《铜鼓赋》收入《广西省志》，列为"艺文"首篇，并推荐他参加博学鸿词科，送银一百二十两让袁枚赴京。博学鸿词科是普通科举外的"特别科举"，由三品以上官员推荐考生，皇帝亲自出题，偏重文学，考中者可直入翰林院。

出人意料的是，后来成为诗坛领袖的袁枚，参加这次考试时居然名落孙山。袁枚落第后，滞留在京，辗转借住于几位同乡处。大家对袁枚不错，翰林嵇璜聘请袁枚为其子开蒙，就是当家庭教师。袁枚算是有了一份稳定的工作。乾隆三年（1738）年八月，二十三岁的袁枚在京城中举，半年后参加会试，取得二甲第五名。在入翰林院考试时，袁枚又碰到贵人。他的文章因"声疑来禁苑，人似隔天河"，被批"语涉不庄"。"禁苑"即皇宫内苑，以风吹玉珂之声引发对宫廷禁苑的想象，为僭越之举，但考官之一的名臣尹继善（时任刑部尚书），慧眼识才，为其力争道："此人肯用心思，必年少有才者；尚未解应制体裁耳。此庶吉士之所以需教习也。倘进呈时，上有驳问，我当独奏。"

袁枚被选为庶吉士，在翰林院学习三年后，如通过考试，一般会被留在翰林院。可袁枚不喜欢满文，考试后名列下等。主持翰林院考试的是名臣鄂尔泰，他很欣赏袁枚，但考卷糊名，"故不知系袁枚试卷，据实批为下等。待启糊名，知是袁枚后惋惜之至，但已不可挽回"，袁枚因此被外放为官。

自1742年起，袁枚先后在溧水、江浦、沭阳、江宁四地当了七年县令。任江宁县令时，尹继善是两江总督，联合袁枚的顶头上司江苏布政使王师推荐袁枚任高邮知州，可恰好当年袁枚未完成漕运沿途各县缴钱粮的任务，按例地方官未完成任务"不及一分者，停其升转，罚俸一年"，受处分期不得升迁，因此吏部否决了提拔袁枚的提议，阻断了袁枚的此次升迁之路。当年冬季，袁枚以侍奉病母为由辞官回乡，两年后因经济拮据，袁枚向吏部提出复职申请，被派到陕西当县令，这比他几年前在富庶的江南可差了一个档次，到陕西仅两个月，袁枚的父亲去世，他借机又辞官了，这一年他三十七岁。

袁枚在江宁知县任上时花三百两银子买下了随园，他在《随园诗话》中说："雪芹撰《红楼梦》一部，备记风月繁华之盛，中有所谓大观园者，即余之随园也。"他在《随园记》中说："随其高为置江楼，随其下为置溪亭，随其夹涧为之桥，随其湍流为之舟；随其地之隆中而敛侧也，为缀峰岫；随其蓊郁而旷也，为设宦窔。或扶而起之，或挤而止之，皆随其丰杀繁瘠，就势取景，而莫之夭阏者。故仍名曰随园，同其音，易其义。"他在给友人程晋芳的信中说："我辈身逢盛世，非有大怪癖、大妄诞，当不受文人之厄。"既然文人不能再走当官发财的常规之路，袁枚决心另辟蹊径，"不受文人之厄"。传统的知识分子以经商聚财为耻，甚至一谈到钱就脸红，袁枚却说："人生薪水寻常事，动辄烦君我亦愁。解用何尝非俊物，不谈未必定清流。"他以随园为基地，综合开发利用，开启了他精彩有趣的五十年后半生。袁枚的"生财术"，主要体现在以下几个方面：

一是将随园从私园变为公园，把随园的围墙全拆，免费向游人开放。"放鹤去寻山岛客，任人来看四时花。"随园的池沼楼台，奇峰怪石，外加书画、图章、法帖等各种古玩器具和海量藏书，就是当时的"活广告"，很多人都由此知道了江宁小仓山有个归隐的大诗人袁枚居住的极妙的去处，于是慕名而来。袁枚一下就"红"了，随园也变成了南京的游览胜地，文人墨客经常聚集在此论诗唱和，而袁枚酷爱交友，在此大摆宴席招待各路名士。各级官员无论出差还是路过，到了南京都会去随园看看，而且当地的地方官会在随园设宴款待来宾。

二是出租经营。据袁枚孙子袁祖志在《随园琐记》中记载，袁枚将随园"东西之田地山池，分十三户承领种植"。佃户们在随园种植粮菜果木，饲养家禽，袁枚不仅每年可收租利，且每日所需之蔬菜以及宴客所需，亦可由佃户供给。除此之外，1751年，袁枚在安徽滁州所购田产亦渐有收益。

三是卖文。因袁枚在文坛地位日隆，出高价请他撰写传记、序文、墓志者渐多，许多达官显贵，都以让他为自己的父祖写碑传墓志为荣。扬州有一安姓的巨富，刻了一部书，以两千两银的价格请袁枚题跋。

四是出版畅销书。袁枚自刻其小仓山房各种著作，随园内有"南轩"，即是专门收藏其著作刻板之所。主要传世的著作有《小仓山房文集》《随园诗话》《随园诗话补遗》《随园食单》，及鬼怪小说《子不语》《续子不语》等，这些书在当时是畅销读物，签名版更是价值千金。

五是开学堂办教育，招收学生。他广招学生，尤其女弟子，随园女弟子超五十人，这些女弟子多是江南名士或官吏的妻妾、女儿。收徒的费用也是一笔不小的收入。

袁枚对自家产业经营有方，晚年时已有"田产万金余，银二万"，而其他书画、图章、法帖等古董藏品亦不少。正因有如此雄厚的经济基础，袁枚才能扩建随园，广邀朋友，宴饮游乐，四处壮游，同时还能安心进行诗文创作，而取得非凡的成就，安心过着潇洒滋润的隐居生活。

随着袁枚的诗《所见》《秋海棠》《推窗》和文《随园后记》《与薛寿鱼书》《黄生借书说》等入选不同版本的中小学语文课本，袁枚的不同创作风格更多为今人所接触。在文学创作上，袁枚倡导以真情、个性和诗才为核心的性灵说，反对沈德潜的格调说、翁方纲的肌理说等。他所谓的"性灵"，是集性情、才情于一体，追求清妙真雅的诗文风格。他的性灵之风，在当时风行海内，蒋子潇《游艺录》中记载了性灵说在当时诗坛的反响："乾嘉中诗风最盛，几于户曹刘而人李杜，袁简斋独倡性灵之说，江南北靡然从之，自荐绅先生下逮野叟方外，得其一字荣过登龙，坛坫之局，生面别开。"袁枚认为"须知有性情，便有格律；格律不在性情外"，而且"人必先有芬芳悱恻之怀，而后有沉郁顿挫之作"，他述提到"凡作诗，写景易，言情难"。因为"景从外来，目之所触，留心便得；情从心出，非有一种芬芳悱恻之怀，便不能哀感顽艳"。袁枚在乾隆后期取代沈德潜主盟文坛，成为乾隆三大家（袁枚、蒋士铨、赵翼）之首。

袁枚可谓著作等身，从乾隆元年（1736）写《鱼塘怀古》开始，到嘉庆二年（1797）去世，六十年辛勤创作，留下古近体诗四千多首，是中国古代诗人中写诗最多的人之一。乾隆四十年（1775）袁枚编成《随园全集》六十卷，此外编有《小仓山房外集》四卷，十五年后又补编了一次诗集、文集，各增至三十二卷。最后诗集增至三十七卷，文集增至三十五卷，骈文集增至八卷。此外，加上《随园诗话》二十六卷，《子不语》三十四卷，《随园随笔》二十八卷，《袁太史稿》一卷，《牍外余言》一卷，还有《随园食单》一卷。

吃货们了解袁枚，主要是因为他的《随园食单》。这是袁枚数十年美食实践的沉淀。该书以随笔的形式，主要描摹了乾隆年间江浙地区的饮食状况与烹饪技术，记述了袁枚认可的三百二十六道南北菜肴，也介绍了当时的美酒名茶，是清代一部非常重要的饮食名著。不仅如此，《随园食单》里还藏有袁枚太多的想法，其中提到数十位人物，提及这些人物的原因有两个：一是他尊重知识产权，哪道菜出自谁之手，他就把那个人记下来，让其"食史留名"；二则是对于不便介绍的朋友，他有意识地以各种云里雾里的称谓将其加入书中，这在文字狱特别严重的乾隆年间，是一种对对方的保护，也是一种自我保护。

袁枚是一个对亲友肝胆相照的人，他奉母至孝，抚养堂弟和外甥，迎养寡姐。袁枚曾说："御下过严则威亵，训子弟过严则恩衰。"他对待朋友也很好，朋友程晋芳去世后，他焚烧了五千两银子的借据，这件事被写入《清史稿》，他自己却从未提过。朋友沈凤没有儿女，沈凤去世后，他每年都会去镇江为其扫墓，去世前还在遗嘱中将镇江扫墓之事交给儿女。他对仆人都能做到以礼相待，以恩相交，不摆架子。

在四十六岁那年，袁枚请相士胡文炳给自己看相，胡相士说袁枚六十三岁得子，七十六岁寿终。果然，袁枚六十三岁那年老来得子，于是他对七十六岁寿终坚信不疑。七十六岁那年患了腹疾，通达的袁枚给自己做了一首挽诗《腹疾久而不愈，作歌自挽，邀好我者同作焉，不拘体，不限韵》，还邀好友们为他写挽诗。那一年除夕，他整好衣冠，与家人一一告别，然后坐以待"毙"，却迟迟等不来死神，于是一连写了七首七绝以示庆贺，命名为《除夕告存戏作七绝句》。看透了生死的袁枚继续其洒脱自在的人生，游山玩水、探亲访友、广收弟子、吟诗作对，好不快活，直到嘉庆二年（1797）九月痢疾加剧，袁枚自知来到了生命的终点，赋诗两首留别故友和随园，并口述遗嘱，十一月十七日从容离世，享年八十二岁。

袁枚坦言自己"好味，好色，好葺屋，好游，好友，好花竹泉石，好珪璋彝尊、名人字画，又好书"。一个如此有趣、有情有义之人，很值得后人学习。从《随园食单》中读出一个真性情的袁枚，是我的心得，也是写作本书的目的，希望你喜欢！

目　录

第一篇　为数不多的几道粤菜

冬瓜燕窝　　　　　　　　　　　　　　　　　3

烤乳猪　　　　　　　　　　　　　　　　　　8

端州三种肉　　　　　　　　　　　　　　　11

狮子头"杨公圆"　　　　　　　　　　　　14

鳝丝羹　　　　　　　　　　　　　　　　　18

剥壳蒸蟹　　　　　　　　　　　　　　　　22

灌汤饺"颠不棱"　　　　　　　　　　　　25

卤鸭　　　　　　　　　　　　　　　　　　29

第二篇　官府菜的心思

尹继善家的秘制菜　　　　　　　　　　　　37

陶方伯家的葛仙米和十景点心　　　　　　46

钱观察家的"神仙肉"　　　　　　　　　53

谢太守的猪里脊肉　　　　　　　　　　　60

蒋御史家的蒋鸡　　　　　　　　　　　　64

蒋侍郎豆腐　　　　　　　　　　　　　　70

杨中丞豆腐　　　　　　　　　　　　　　75

王太守豆腐　　　　　　　　　　　　　　82

程立万豆腐　　　　　　　　　　　　　　89

汤西厓猪肺　　　　　　　　　　　　　　95

中秋节的猪头 100

刘方伯家的月饼 105

徐兆璜明府家的芋羹 110

朱分司家的红煨鳗 114

吴竹屿家的汤煨甲鱼 119

程泽弓家的蛏干 123

龚司马家的乌鱼蛋和笋干 128

章淮树观察家的面筋 133

高邮咸鸭蛋 137

运司糕（上） 143

运司糕（中） 151

运司糕（下） 155

孔藩台家的薄饼 161

春圃方伯萝卜饼 165

张荷塘明府家的天然饼 170

唐静涵家的烧鲟鱼、唐鸡、青盐甲鱼 176

第三篇　谈茶论酒

七碗生风，一杯忘世 185

袁枚眼中的九大名茶 191

袁枚至爱——老黄酒 197

金坛于酒之甜 202

兰陵酒之厚 207

药酒之烈 212

第四篇　袁枚的讲究

吃螃蟹的讲究 219

吃野味的讲究 224

美器的讲究 228

厨师的讲究 232

请客的讲究 239

一些美食偏见 242

后记：探寻袁枚藏在《随园食单》里的小心思

第一篇

为数不多的几道粤菜

烤乳猪

冬瓜燕窝

陈晓卿老师有句名言:"如果你的朋友圈里突然冒出一个美食家,多半情况是他的主业失败了。"这虽然是一句半开玩笑的话,但也折射出目前"美食家"满天飞的事实。何为美食家,虽然没有一个权威解释,但提到美食家,袁枚是绕不开的人物,盖因他的《随园食单》确实了得,一举奠定了他美食大家的地位。

在中国饮食文化史上,全面系统而深入地探讨烹饪的技术和理论问题,应该是从袁枚开始的。《随园食单》的内容可以分为两大部分,第一部分是基础理论,包括"须知单"和"戒单",系统精要又深刻独到地阐述了饮食理论和厨事法则,是中国古代饮食理论和饮食思想的历史性总结。第二部分是菜谱,包括海鲜单、江鲜单、特牲单、杂牲单等十二个方面,记载三百多道精致肴馔以及名茶美酒等,包括其由来、原料、制法、品质等,时间跨度从元末至清中叶,地域范围以淮扬地区、浙江为主，也涉及几道粤菜。

袁枚在《随园食单》里之所以收入了几道粤菜，是因为乾隆四十九年（1784），六十九岁的袁枚应堂弟肇庆知府袁树之邀来到肇庆，一待就是半年。袁枚与袁树关系很不一般，袁枚刚辞官归隐随园时，袁树就跟在袁枚身边，除了跟袁枚读书，吃穿用度都倚仗袁枚。袁枚于袁树，既是兄长，也是老师。袁枚的生活虽活色生香，但一直没有儿子，在"不孝有三，无后为大"的年代，这可是件大事，在袁枚六十岁那年，袁树将一岁的儿子过继给袁枚，即袁枚的大儿子袁通。袁枚六十三岁那年又得了一个儿子，因为此子姗姗来迟，故名袁迟。袁树经常出现在袁枚的文字里，堂兄弟之间感情非同一般，袁树当了肇庆知府后，邀请袁枚到此一游，袁枚欣然接受。

袁枚在乾隆四十三年（1778）曾应当时的广东学政李调元之邀到广州讲学，李调元是当时首屈一指的美食家，不知何故，此行袁枚留下的文字却与美食无关。但乾隆四十九年（1784）的这次肇庆之行，从相关文字看则一路美食不断，这与袁树的精心安排分不开。袁枚抵达肇庆后，时任两广总督孙士毅还到此接见了他，并作诗《赠别袁简斋先生》，诗中说袁枚"不递乡书不遣媒，闯然直为荔枝来"。看来袁枚此行为美食之旅，也已经广而告之了。袁树手下高要县（今广东省肇庆市高要区）县令杨国霖，字兰坡，就是袁枚笔下的"杨兰坡明府"，更是陪伴袁枚此行游览、吃喝。袁枚称杨兰坡为"明府"，明府是汉代人对太守的尊称，后来逐渐成为对地方官员的敬称，此时的肇庆"太守"，准确的官职是"知府"，应为袁树，杨兰坡只是肇庆府下面高要县的县令，袁枚这是抬高了其身份。杨兰坡本身是一位美食家，家里厨师的厨艺更是了得，这就与大美食家袁枚对上了脾气。于是，《随园食单》里就留下了几道粤菜，"头牌"就是"杨明府冬瓜燕窝"。在"燕窝"这一条里，袁枚讲了燕窝的烹饪原则后说：

> 余到粤东，杨明府冬瓜燕窝甚佳，以柔配柔，以清入清，重用鸡汁、蘑菇汁而已。

袁枚说的"粤东"，不是现在的粤东潮汕，而是指广东，当时称广西为"粤西"。他说杨兰坡家的冬瓜燕窝，是以柔配柔，以清配清，符合他烹饪燕窝的原则"此物至清，不可以油腻杂之；此物至文，不可以武物串之"。燕窝和冬瓜都没什么味，杨兰坡用鸡汤和蘑菇汤使之入味；袁枚认为烹燕窝要"用嫩鸡汤、好火腿汤、新蘑菇三样汤滚之"，而杨兰坡家的少了火腿，所以他在文末加了"而已"。这不是贬低，而是赞赏，做了减法还"甚佳"，更是了不起。

我们现在烹饪用的上汤强调用老鸡，袁枚却说燕窝的上汤要用"嫩鸡"，这是因为老鸡脂肪含量多，熬出来的鸡汤多油，不符合袁枚认为烹燕窝的原则："此物至清，不可以油腻杂之。"鸡、火腿、蘑菇这三种食材熬制的汤，是多种氨基酸和核苷酸的混合，因为鸡肉和蘑菇中除了氨基酸外，还含有鸟苷酸，这是核苷酸的一种，而氨基酸和核苷酸协同作战，可以把鲜味提高到二十倍以上。杨兰坡虽然没用火腿，但鲜味也已足够，所以袁枚表示满意。

冬瓜配燕窝，今人倒是少用，盖因冬瓜看起来不高级，不便于卖出高价。我的理解是，杨兰坡在此把冬瓜当成"素燕"。历来多用萝卜丝当"素燕"，但萝卜的味道浓了一点，配燕窝确实选用冬瓜优于萝卜。这道菜的做法是先将冬瓜切成银针细丝状，在开水中焯软，再放入冷水中"过冷河"，此为"素燕"；另一头，燕窝泡发好后蒸透，此为"真燕"；"素燕"在下，"真燕"在上，将调好味的鸡汤和蘑菇汤注入即可。我没吃过这道菜，倒是按照这个做法试过，但没有燕窝，只有冬瓜丝，味道确实"甚佳"。

关于燕窝，袁枚还说了几个烹饪"原则"，比如"燕窝贵物，原不轻用，如用之，每碗必须二两"。这里袁枚指的是用司马秤称，二两约七十五克，此处的燕窝应该是指发好的湿燕窝，如分量太少，他不屑一顾，说过"今人用肉丝、鸡丝杂之，是吃鸡丝、肉丝，非吃燕窝也，且徒务其名。往往以三钱生燕窝盖碗面，如白发数茎，使客一撩不见，空剩粗物满碗"。对于这种只用少量燕窝撑面子，以肉丝、鸡丝充数的，他说就像是乞丐想卖弄自己富有，反倒露出穷相来。看来杨兰坡家放的燕窝量是足够的，虽然加了冬瓜丝，也一样获得了袁枚的肯定。按照袁枚这一标准，今天绝大多数餐厅的"燕窝菜"都不合格，最起码会被他列入"乞儿卖富，反露贫相"之列。

热情接待袁枚的杨兰坡，不仅接待工作做得好，诗也写得不错。袁枚在《随园诗话》卷十又把他表扬了一番：

高要令杨国霖兰坡，作吏三十年，两膺卓荐，傲兀不羁，与

余相见端江，束修之愧，无日不至。闻余游罗浮归，乞假到鼎湖延候，以诗来迎云："山麓峰峦秀色殊，如何海内姓名无？全凭大雅如椽笔，为我湖山补道书。"（道书：海内洞天二十四，福地三十六，鼎湖不与焉。）"杖履闲从天上来，教人喜极反成猜。飞骑为报湖山桂，不到山门不许开。"及余归时，送至十里外，临别泣下，《口号》云："送公自此止，思公何时已？有泪不轻弹，恐溢端江水。"

其中三首诗把袁枚捧上天了，尤其是最后一首，说袁枚要走了，杨兰坡送至十里外，临别时一把鼻涕一把泪：送袁老师只能送到这里了，但对你的思念，何时能停止呢？有道是男儿有泪不轻弹，再哭的话，西江水都要溢出来了。这话让人听了舒服，不亚于吃到一碗美味的冬瓜燕窝。

烤乳猪

在《随园食单》里，袁枚把烤乳猪说成"烧小猪"，盖因"烤"这个字出现得晚。商周初期叫"炙"，汉末以"烧"统称，袁枚生活的时代就是这么叫的，今天粤语仍称"烤"为"烧"，比如"烧猪""烧鹅""叉烧"。

烤乳猪虽非粤菜独有，而且各地有各地的做法，但由于做法复杂，很多地方渐渐就不做了，粤菜倒是"不厌其烦"，很好地保留了下来。为什么说《随园食单》里这道菜是粤菜？因为袁枚在"烧小猪"这条的最后说："亦惟吾家龙文弟，颇得其法。"袁枚多次提到龙文、香亭两个堂弟的名字，香亭就是前文说到的袁树，龙文虽然名不可考，但从他文字里的线索，我们可以判断是在广东为官的另一位堂弟，可能是袁步瞻、袁履青中的一位。而这道烤乳猪，就是袁枚到肇庆时顺便到在广东为官的龙文堂弟家时吃到的，当然算粤菜。

烤乳猪如何做？袁枚说：

> 小猪一个，六七斤重者，钳毛去秽，又上炭火炙之。要四面齐
> 到，以深黄色为度。皮上慢慢以奶酥油涂之，屡涂屡炙。

即将一头六七斤重的小猪去毛洗净，用叉固定后在炭火上烤，烤至
四面焦黄就可以了。烤的时候皮上慢慢涂抹奶酥油，边烤边涂。写完这
一条，袁枚意犹未尽，在下一条"烧猪肉"中继续讲注意事项：

> 凡烧猪肉，须耐性。先炙里面肉，使油膏走入皮内，则皮松
> 脆而味不走。若先炙皮，则肉中之油尽落火上，皮既焦硬，味亦不
> 佳，烧小猪亦然。

他把烧猪肉的顺序也说明白了：要先烤里面的肉，使油脂渗入皮
内，这样可以使肉皮松脆而滋味不流失。如果先烤外皮，那么肉中的油
脂便全部滴到火上了，这样一来皮既焦硬，味道也不好。

烤猪，至迟在西周时就有，《礼记》"八珍"中的"炮豚"就是烤
猪。北魏贾思勰在《齐民要术》"炙豚法"中把烤乳猪的方法讲得也很
清楚：

> 用乳下豚极肥者，俱得。挚治一如煮法，揩洗、刮削，令极
> 净。小开腹，去五脏，又净洗。以茅茹腹令满，柞木穿，缓火遥

炙，急转勿住。转常使周匝，不匝则偏焦也。清酒数涂以发色，色足便止。取新猪膏极白净者，涂拭勿住。若无新猪膏，净麻油亦得。色同琥珀，又类真金。入口则消，状若凌雪，含浆膏润，特异凡常也。

从北魏至袁枚生活的时代，烤乳猪的做法区别不太大，只是烤时处理猪皮的用料不同，北魏时是先涂酒——目的是上色，再涂猪油或麻油，而袁枚生活的时代涂的是奶酥油，这是一大进步，因烤乳猪的过程中会发生典型的美拉德反应，奶酥油里的糖分与猪肉里的蛋白质在高温下形成芳香物质类黑精，这是烤乳猪迷人风味的来源之一。今天用麦芽糖、酒和浙醋调的脆皮浆，则更是一大进步。不过，审美标准都是一样的，就是袁枚所说的"食时酥为上，脆次之，硬斯下矣"。

广州烤乳猪的传统得以保留，这与历史上珠三角的广府人喜欢吃烤乳猪有关。1983年，考古学家在西汉时代的南越王墓里发现烤炉三件，配备多种供烤炙的工具，有悬炉的铁链，烤肉用的长叉、铁钎、铁钩，炉壁上还有四只乳猪图案，猪嘴朝上，说明烤炉的主要用途是烤乳猪。至今，广府人的重要宴会，还是少不了烤乳猪。

在袁枚生活的时代，烤乳猪在别的菜系里不流行，他专门补充了一句："旗人有单用酒、秋油蒸者。"秋油即酱油，说满人做乳猪时，用酒加酱油调味后蒸，可见烤乳猪的做法在当时的上层阶级中并不流行。

今天粤菜里的烤乳猪，比袁枚生活的时代已经有了更大的进步。不论是那时还是现在，想吃烤乳猪，还是要到广东来。

端州三种肉

《随园食单》"端州三种肉"一条记下了袁枚在肇庆吃到的三种猪肉做法：

> 一罗蓑肉。一锅烧白肉，不加作料，以芝麻、盐拌之；切片煨好，以清酱拌之。三种俱宜于家常。端州聂、李二厨所作，特令杨二学之。

我们先把这三种肉的做法放在一边，之所以说这三道菜也是粤菜，首先因为是在肇庆吃到的，且应该是在堂弟袁树家吃到的，其次做这三道菜的厨师即聂姓厨师和李姓厨师应是粤菜厨师。有人可能会说，袁树也是浙江人，他到广东做官，可能带着浙江菜的师傅来，所以在肇庆袁树家里吃的菜不一定是粤菜，但袁枚在这一条最后提及"令杨二学之"。

11

袁枚家首任掌勺大厨师叫王小余，他烧的菜"闻其臭香，十步以外无不颐逐逐然"，王小余死后，袁枚为了纪念这位优秀厨师，专门写了一篇《厨者王小余传》，王小余是我国古代唯一去世后有传记的名厨。王小余去世后，袁枚聘请了不少厨师，包括杨二。这趟岭南之行，除了刘霞裳等弟子跟随，袁枚还把杨二厨师也带上了，估计是便于"偷师"，同时，万一路上吃不惯，也可以让杨二做点随园菜。因此，如果"端州三种肉"是浙江菜或淮扬菜，就不需要"令杨二学之"了。再加上《随园食单》十分重视"知识产权"，出自哪一家、哪个厨房，他都详细标明，而以上的这三道菜就以"端州三种肉"（端州即当时肇庆府，今肇庆市端州区）命名，妥妥的粤菜！

　　关于这三种猪肉的做法，其中"罗蓑肉"，是在"端州三种肉"这一条之前袁枚就单列出来的一条，记载有："以作鸡松法作之。存盖面之皮，将皮下精肉斩成碎团，加作料烹熟。聂厨能之。"这个聂厨，就是"端州三种肉"这一条中提到的"端州聂、李二厨所作"的聂厨师，不是袁枚家里的厨师。而"鸡松法"则在后面的"羽族单"里，做法是：

　　　　肥鸡一只，用两腿，去筋骨，剁碎，不可伤皮，用鸡蛋清、粉纤、松子肉，同剁成块。如腿不敷用，添脯子肉，切成方块，用香油灼黄，起放钵头内，加百花酒半斤、秋油一大杯、鸡油一铁勺，加冬笋、香蕈、姜、葱等。将所余鸡骨皮盖面，加水一大碗，下蒸笼蒸透，临吃去之。

　　"鸡松"这道菜是袁枚和杨二师傅在粤菜"罗蓑肉"的基础上改良而成，归入粤菜中也未尝不可。

　　说回"端州三种肉"的做法：第一种罗蓑肉，是先将五花肉改成方块，把肉皮下的肉片切下，保持肉皮完整；然后将肉斩成碎团，以松子、鸡蛋清、芡粉拌匀搅上劲；再用香油炸至黄色，起锅放入碗里，加上百花酒、酱油、鸡油、冬笋、香菇、姜、葱；最后将猪皮盖在上面蒸熟，改刀摆盘。第二种叫锅烧白肉，其中的猪肉不加佐料，白煮成熟，切片后以芝麻、盐拌着吃，与我们今天的蒜泥白肉不相上下。至于第三种，袁枚连名字都懒得起，姑且叫"拌白肉"吧，即白肉切成薄片，煨好后蘸酱油吃。

　　这三种猪肉的做法，袁枚说"俱宜于家常"，但罗蓑肉需先炸后蒸，还要加那么多佐料，复杂得很，一点也不家常；后两种倒是很家常，不过想一下也知道味道不见得多好，现在粤菜里也早已不见它们的踪影，有些菜失传是有原因的。

狮子头"杨公圆"

《随园食单》里还写了一道粤菜——杨公圆，即狮子头。袁枚在书中称赞：

> 杨明府作肉圆，大如茶杯，细腻绝伦。汤尤鲜洁，入口如酥。
> 大概去筋去节，斩之极细，肥瘦各半，用纤合匀。

这道菜是在高要县县令杨兰坡家吃的，当然也是粤菜了。袁枚夸赞杨兰坡家做的这道肉丸有诸多特点，一是大，大得像茶杯口。这里比喻的茶杯，可不是现在所说的功夫茶茶杯，袁枚生活的时代的茶杯，是盖碗茶茶杯，一个该有二三两重。二是细腻，细腻到什么程度呢？袁枚说"细腻绝伦"，这个形容他嫌不够具体，继续说"入口如酥"，"酥"在这里是指奶酪，说口感细腻得像奶酪一样，入口即化。不仅如此，袁枚还继续探讨肉圆口感之所以这么细腻：大概是制作的过程中挑去了筋和节，肉又剁得很细，肥瘦各占一半，芡粉又调和得很均匀。

袁枚的分析是有道理的。首先是"去筋去节"，猪肉里的"筋和节"即猪肉的结缔组织，负责连接肌肉与骨头，掺和在肉丸里面，确实无法使之有细腻口感，倒是可以增加些许嚼劲。而现在的潮汕牛筋丸，就专门往肉丸里加牛筋，这是反其道而行。第二个原因是"斩之极细"，如果剁得不够细，颗粒大当然很难做到细腻。第三个原因是"肥瘦各半"，做肉丸时肥、瘦肉的比例也很关键，肥肉多，脂肪多，吃起来就不柴，才可能足够细腻。袁枚喜欢用的肥瘦肉比例是 5 ：5，今天常用的是 6 ：4。最后一个原因"用纤合匀"也很关键，即芡粉要调得均匀。肉丸不加芡粉，不容易成形，一炖就容易散。但肉丸也是分"派别"的，有"细腻派"，有"弹牙派"，加入芡粉只是调和，不让它起胶及形成弹性蛋白，肉质就不会弹牙，这样口感才可能是细腻的。袁枚这个时候已经年近七十，老人家对细腻口感情有独钟，这可以理解。

杨公圆应该主要是炖出来的，因为袁枚又说了杨公圆的第三个特点：汤尤鲜洁。一个二三两的大肉丸，"余"不容易熟，即便花上几个小时低温慢煮，让热量逐层进入，倒是可以令肉丸熟透，汤却无法达到"鲜洁"的境界，而用清炖狮子头的办法，则可以做到。

这就是简洁版的清炖狮子头，你没看错，在袁枚生活的时代，"清炖狮子头"属于粤菜，只是那个时代还没有"狮子头"的叫法，通通以"肉丸"称之。在此之前，袁枚还写了一道"八宝肉圆"，做法更接近现在的狮子头：

猪肉精、肥各半，斩成细酱，用松仁、香蕈、笋尖、荸荠、瓜姜之类，斩成细酱，加纤粉和捏成团，放入盘中，加甜酒、秋油蒸之。入口松脆。

与现在的狮子头比，杨公圆用料更简洁，而八宝肉圆更复杂。现在的狮子头只是肉里加荸荠、鸡蛋清，再加点淀粉，就是袁枚说的纤粉，而八宝肉丸里却加入了松仁、香菇、笋尖、瓜、姜之类，有"八宝"，看来应该是八种材料。这样看来，杨公圆这种粤式狮子头走的是大道至简的路线，还得到了袁枚的好评，真不简单。

这类大肉丸，可追溯到北魏贾思勰《齐民要术》里的"作跳丸炙法"。书中贾思勰引用北魏崔浩《食经》的做法，大概是羊肉、猪肉各十斤，都切成细丝，加上三升生姜、五片橘皮、二升腌瓜、五升葱白，混合在一起捣烂，做成像弹丸的肉丸子后油炸备用；另外用五斤羊肉做成肉羹，再把炸好的肉丸子放进去，煮成肉丸羹。需要注意的是，《食经》里说的"炙"，不一定是烤，用油煎或炸也被认为是"炙"，而且用的主料是猪肉加羊肉，复杂得很，还要捣到丸子有弹性，更类似于如今的潮州牛肉丸、猪肉丸。唐朝韦巨源烧尾宴里的"汤浴绣丸"，也是这种大肉丸，陶谷在《清异录》中对这道菜作了注解"肉糜治，隐卵花"，意思是肉剁成肉酱，加了鸡蛋后做成绣球状的肉丸。

不同时代的大肉圆配方各有不同，不同地方的人对肉圆的称呼当然也不一样。在"狮子头"这一叫法出现之前，扬州人就叫它"大斩肉"，北方人称"四喜丸子"。"狮子头"这种叫法首次被记载下来，可见徐珂的《清稗类钞》：

> 狮子头者，以形似而得名，猪肉圆也。猪肉肥瘦各半，细切粗斩，乃和以蛋白，使易凝固，或加虾仁、蟹粉。以黄沙罐一，底置黄芽菜或竹笋，略和以水及盐，以肉作极大之圆，置其上，上覆菜叶，以罐盖盖之，乃入铁锅，撒盐少许，以防锅裂。然后，以文火干烧之。每烧数柴把一停，约越五分时更烧之，候熟取出。

做肉丸的肉是剁还是切，袁枚有自己的看法，他主张用剁，但那个时候已经有人主张用切，袁枚在"八宝肉丸"一条中提及"家致华云：肉圆宜切，不宜斩。必别有所见"。这位"家致华"是袁枚的朋友，也是一个吃货，为当时的盐运使分司，袁枚对他家的冻豆腐也赞不绝口，盐运使不仅管理盐务，还兼为宫廷采办贵重物品，侦察社会情况，是个"肥差"。家致华属于"宜切不宜斩派"，袁枚属于"宜斩不宜切派"，而时至今日，袁枚这一派的狮子头做法，基本没落了。

如此对照，粤菜"杨公圆"应属于"宜斩不宜切"一派，也为今天厨师们所不齿。

鳝丝羹

袁枚的随园，就在今天的南京，江苏历来善烹鳝鱼，可谓全国最会吃鳝鱼的地方。袁枚在《随园食单》里写了三道鳝鱼菜，包括这道粤菜"鳝丝羹"：

> 鳝鱼煮半熟，划丝去骨，加酒、秋油煨之，微用纤粉，用真金菜、冬瓜、长葱为羹。

这里的"秋油"指酱油，"纤粉"就是勾芡的淀粉，"真金菜"就是黄花菜。大概的做法是，将鳝鱼煮到半熟后，去掉骨头，划成鳝丝，加入酒、酱油，用小火慢煮，用少量淀粉勾芡，再加黄花菜、冬瓜、长葱做成羹。之所以用长葱，而不是葱段或者葱花，我的猜测是方便成菜后把长葱夹出来，在这道菜中，只取葱味，不吃葱。

以上做法并不复杂，连高汤也不加，家常得很，但为何说这道菜是粤菜？这可不是我说的，是袁枚自己说的。他在《随园食单》"戒单"中大谈烹饪之大忌，其中讲到"戒停顿"时说：

> 余到粤东，食杨兰坡明府鳝羹而美，访其故，曰"不过现杀现烹，现熟现吃，不停顿而已"，他物皆可类推。

这道菜也是在广东高要县县令杨兰坡家吃的，当然属于粤菜。至于"鳝丝羹"一条中为什么不提及杨兰坡，因为在"戒单"里已说清楚了，所以他不想重复，否则，按照袁枚对"知识产权"的尊重，这道菜他肯定会命名为"杨兰坡明府鳝鱼羹"。除了把这道菜的做法讲清楚，他还提到注意事项，就是要"现杀现烹，现熟现吃"。

袁枚的这个讲究是有道理的。鳝鱼虽然分布广泛——除了青藏高原外，在我国各个地方的稻田、湖泊、池塘、河流与沟渠等泥质的水域均可生存，生命力顽强，离开水一段时间仍可存活，但鳝鱼死后，原本充满鲜味的氧化三甲胺会迅速分解为腥味的三甲胺和二甲胺，"现杀现烹"就是为了不让这些腥味物质产生。鳝鱼生活在泥质水域，而且自己打洞居住，这就让鳝鱼有了土腥味，土腥味来自土臭素，土臭素在常温下非常活跃，所以鳝鱼凉了就有土腥味。对此，袁枚总结杨兰坡的解决办法，就是现熟现吃，不停顿。这简直是与时间赛跑，讲究得头头是道。

别看现在南京以善烹鳝鱼出名，可在袁枚生活的时代，对于当地烹制的鳝鱼，袁枚直接给了差评，在讲完如何做"鳝丝羹"后，他补了

"一刀":"南京厨者辄制鳝为炭,殊不可解。"意思是南京的厨师往往把鳝鱼烧得像木炭,实在让人费解。

做鳝丝羹正常不可能把鳝鱼烧得像木炭,他这么写是为了引出紧接着要说的另一道淮扬菜"炒鳝",其做法是:"拆鳝丝,炒之略焦。如炒肉鸡之法,不可用水。"袁枚认为,炒鳝要"略焦"。这是典型的美拉德反应,高温下无味的大分子蛋白质分解为小分子的氨基酸,鲜味就产生了,略焦是因为美拉德反应的副产品类黑精,香味就由它提供,但温度和水量容易掌握不好,过了就变成袁枚所说的"制鳝为炭",既苦又硬。袁枚还指出这道菜的关键——"不可用水",这是因为食物中的水分含量在10%—15%时,美拉德反应容易发生,而鳝丝本身就有水分,若炒鳝时加了水,美拉德反应不明显,就会不鲜也不香了。

这两道菜都要先拆鳝丝,袁枚拆鳝丝要先把鳝鱼煮至半熟,这样才好"划丝去骨"。别看鳝鱼全身只有一根三棱刺,刺少肉厚,但生宰鳝鱼可是个技术活,这是因为鳝鱼体形细长,身上还有一层光滑的黏膜,让人根本无从下手。而如果把鳝鱼煮至半熟,此时黏液被煮掉了,鱼肉也变软了,可任人摆布。

美食家汪曾祺在《鱼我所欲也》中说:"鳝鱼烫熟切丝再炒,叫作'软兜',生炒叫炒脆鳝。"既然生炒,就要生杀,现在我们杀鳝鱼一般是在长板上用钉子扎住鱼头,然后用锋利小刀从脊背插入一拉到底,再从脖子切断脊骨,连同内脏一起刮去,最后斩断鱼头和尾巴末梢,得到完整的鱼肉。不过袁枚没推荐这种杀鱼方法,而是采用切段;至于做法,他在"段鳝"一条说清楚了:

切鳝以寸为段，照煨鳗法煨之。或先用油炙，使坚，再以冬瓜、鲜笋、香蕈作配，微用酱水，重用姜汁。

这其中包含两种做法。第一种，把鳝鱼切成一寸长短的段，按照炖鳗鱼的方法来炖。在"红煨鳗"中他介绍了这种炖法：加酒、水炖到软烂，再加入甜酱，不要加酱油，待收汤后煨干，加适量茴香、八角就可以了。第二种做法，鳝鱼切段后先用油炸，使之变硬后，再加入冬瓜、鲜笋、香菇做配料，放少许酱油，多放一点姜汁。说到这里，袁枚居然不往下说了，究竟是焖还是炒？是煮还是炖？我猜应是焖后收汁起锅。

不过，除了焖，还有更好的办法：烧热瓦煲，把鳝段和配料放进去，盖上盖，起锅前往盖上浇上广东米酒，上桌！此为黄鳝啫啫煲，妥妥的又一道粤菜！

剥壳蒸蟹

袁枚是杭州人，为官在江苏，归隐后住在南京。江浙是盛产螃蟹、爱吃螃蟹的地方，袁枚当然也不例外，他对吃螃蟹很有心得，《随园食单》里写了四道螃蟹菜，而其中最复杂、最令他赞赏的是一道粤菜"剥壳蒸蟹"：

> 将蟹剥壳，取肉、取黄，仍置壳中，放五六只在生鸡蛋上蒸之。上桌时完然一蟹，惟去爪脚。比炒蟹粉觉有新色。杨兰坡明府以南瓜肉拌蟹，颇奇。

这道菜也是在杨兰坡处吃到的，袁枚连用"有新色""颇奇"称赞之，看来这道菜之所以吸引袁枚，除了好吃外，还因为充满创意，出奇制胜。

袁枚曾提及两种他推崇的螃蟹的做法，一种是一整只煮，另一种是拆下蟹肉、蟹黄再加工。关于拆蟹的做法，他先是说了"蟹羹"，即把蟹煮熟后，留原汤，再剥取蟹肉做羹。他认为做蟹羹越简单越好，切忌加鸡汤、鸭舌、鱼翅、海参，这是"徒夺其味而惹其腥"，对于这样做的厨师他批为"俗厨""恶劣极矣"。又提到"炒蟹粉"，做法也很简单，将螃蟹煮熟后剥壳，取蟹肉和蟹黄，再将二者炒了便成。他对炒蟹粉的讲究就是要"及时"，即现剥现炒，超过四个小时蟹肉会因水分流失而变干，失去本来风味。这两种做法都追求简单，同时又能保留螃蟹本来的味道。

　　杨兰坡这道"剥壳蒸蟹"则以复杂、精致、新奇获得袁枚的赞赏：将五六只螃蟹煮熟后剥壳取出蟹肉和蟹黄，再把蟹肉和蟹黄放进蟹壳里，打一个鸡蛋进去一起蒸熟。杨兰坡还往蟹肉里加了南瓜，上桌时每只蟹除了蟹脚都是完整的，袁枚认为十分新奇。

　　这道菜做工精细，而且形象逼真。有人复刻了这道菜，将南瓜切成粒与蟹肉、鸡蛋一起蒸，错了！杨兰坡之所以往蟹肉里加南瓜，盖因拆肉后蟹黄不足，而南瓜蒸熟后捣碎，就是"假蟹黄"。所以这道菜的正确做法应该是把南瓜蒸熟捣成泥，再和蟹肉、蟹粉拌在一起，这才可以达到以假乱真的效果。袁枚称"颇奇"，就是因为如此这般，如果弄成南瓜粒，不被袁枚骂为"俗厨"才怪。

　　杨兰坡用鸡蛋、南瓜与蟹肉搭配，在味道上也是极其合理的搭配。这是因为蟹肉中香气成分主要源自醇类、醛类、酮类、呋喃、含硫化合物，以及含氮杂环化合物、酯类、酚类和烷烃等化合物。这些香气化合物中就有生鸡蛋气味的四氢吡咯——鸡蛋里有这种化合物，所以鸡蛋与螃蟹是绝配；南瓜的香味源自醛类和醇类化合物，与螃蟹中的含硫化合物互相作用，也让螃蟹的味道更加突出，南瓜泥不仅外表像蟹粉，与螃蟹一起出场，味道也像极了蟹粉，这也是令袁枚拍案叫绝的原因。

现在淮扬菜中拆蟹做菜很流行，盖因淮扬菜有精细的刀工、不厌其烦的耐心，相反，现在粤菜做螃蟹却欠缺了这种精神。遥想袁枚生活的时代粤菜师傅做螃蟹，厨艺之精湛将淮扬菜"甩了几条街"，连袁枚也大赞"比炒蟹粉觉有新色"，真是三十年河东三十年河西！

粤菜师傅们，你们的先辈做螃蟹是如此精致，谁肯复刻"杨兰坡明府剥壳蒸蟹"，相信会让大家拍案叫绝。

灌汤饺"颠不棱"

饺子是我们的传统美食，节日吃饺子的习俗，几乎占了中国大半个版图，但广东除外，原因很简单，北方产小麦，南方产大米，广东人并不太习惯吃面食。广东人偶尔也吃饺子，而且做出了别具一格的饺

子——灌汤饺，袁枚在《随园食单》"颠不棱"里说过：

> 颠不棱（即肉饺也）：糊面摊开，裹肉为馅蒸之。其讨好处，全在作馅得法，不过肉嫩、去筋、作料而已。余到广东，吃官镇台颠不棱，甚佳。中用肉皮煨膏为馅，故觉软美。

饺子的英文"dumpling"，"颠不棱"是它的音译，袁枚说是在官镇台家吃到的。据清乾隆年间的《皇朝通考》，总兵为"官掌一镇之军政，管辖营、协将弁，为重镇大臣"。梁章钜在《称谓录·总兵》又补充说："案，今人称总兵为镇台，由此。"由此可知，"镇台"一词是清朝时人们对总兵的敬称。袁枚到广东时见到的"官镇台"，就是刚调任广东的总兵官福。乾隆年间，广州是唯一对外的通商口岸，广东更是边防重地，朝廷派来的官员众多，他们与当时到广州的洋人有接触，宴请洋人的时候上了饺子，洋人脱口而出"dumpling"，于是就这么叫上了。

在袁枚生活的年代，饺子的说法已经很统一了，对于突然冒出了"颠不棱"的说法，袁枚虽然注明"即肉饺也"，但也说出了其与普通肉饺的不同之处：馅里加入了肉皮冻，所以吃起来特别鲜美柔软！原来袁枚是这么区别饺子与颠不棱的：北方的肉饺叫饺子，广东的灌汤饺叫"颠不棱"。这样的区别出自大美食家袁枚之手，也透露出一个信息：灌汤饺出自广东，是如假包换的粤菜，之后的灌汤包，是在此基础上的变化。

1978年，考古学家在山东滕州的春秋时代薛国故城墓葬的青铜簠中发现了几个饺子，这说明饺子的历史可追溯到二千六百多年前，不过那时还不叫"饺子"。西汉的扬雄在《方言》中说："饼谓之饦，或谓之馄饨。"有专家认为"馄饨"就是后来馄饨的转音。西晋束皙在《饼赋》中，描写了"笼上牢丸"和"汤中牢丸"两种食物，也有专家认为对应的就是现在的蒸饺和汤饺。这个说法，也出现在唐朝著名美食家段文昌的儿子段成式的《酉阳杂俎》中。段成式的儿子段公路在《北户录》卷二所载："浑沌饼。"崔龟图加注："颜之推云：今之馄饨，形如偃月，天下通食也。"这种偃月形的馄饨即是饺子，学者据此认为当时已将饺子称为馄饨。宋代开始出现煎饺，那时称为"夹"或者"夹子"，而蒸饺被称为"角儿""夹儿"。到了明代，又出现了"饺饵""粉角"等新的名称。到了清代，才有"水饺""饺子"等与现代相同的食品名出现。

袁枚生活的时代，馄饨与饺子已经分得很清楚了，只是形状不同，做法是一样的，袁枚在"肉馄饨"那一条里就说"作馄饨与饺同"。他特别强调在广东吃到的"颠不棱"与众不同之处："其讨好处，全在作馅得法，不过肉嫩、去筋。"选用嫩肉，去掉筋——猪的结缔组织，由于其受热后的温度与肌肉组织不同，肉熟了后，结缔组织还坚硬如初，所以必须去掉。肉嫩的原因有两个，一是脂肪含量高，一是水分含量高。肉质本身味道好的原因是多汁，与普通饺子不同，"颠不棱"里加了猪皮冻，猪皮冻受热后融化为肉汁，既提升了软嫩的口感，又增加了饺子的风味，所以袁枚大赞"软美"。

清朝末年，袁枚的一位"超级粉丝"夏曾传写了一部《随园食单补证》，夏曾传认为，颠不棱就是"烫面饺"，并很有经验地表示"破则卤走味失，虽有佳馅，亦无益矣"。"烫面"是指用七十至一百摄氏度的热水和面，边加水边搅拌，待稍凉后揉和成团，其原理是利用沸水将面筋烫软，并将部分淀粉烫熟、膨化，以降低面团的硬度。由此看来，在袁枚生活的时代，大家对饺子的要求是从里到外都必须"软美"。

卤鸭

袁枚在《随园食单》里专辟一章"羽族单"讲各种禽类。其中，他最喜欢吃的是鸡，一口气列出了鸡的三十一种吃法，他说"鸡功最巨，诸菜赖之"。此外，他还很喜欢吃鸭，共列出十种做法。

他喜欢吃烤鸭，那时叫烧鸭，专列"烧鸭"一项："用雏鸭，上叉烧之。冯观察家厨最精。"用叉固定后烤，这是烤鸭，而且要用雏鸭，但具体怎么做，他没讲，只说冯观察家做得最好。晚年的袁枚，收了同年陶绍景的孙子陶涣悦为学生，陶涣悦家也做烤鸭，常送给袁枚，但吃过冯观察家的烧鸭的袁枚，对陶同学家的烧鸭似乎不太上心，这事在袁枚与陶涣悦的信札中屡见："连日困于酒食，烧鸭可缓，惟助我买成罗梅仙画册，则胜于烧鸭数倍矣。"这是婉拒，陶涣悦要送烧鸭来，袁枚说最近吃撑了，又戏称罗梅仙画册胜烧鸭数倍。这个罗梅仙就是罗恒，梅仙是他的字，罗牧裔孙，画山水传家法，侨居南京。袁枚说："昨见惠烧鸭，其老与太年伯相仿，若（与）云雏鸭，则是少年过于老成之故也。"笑话陶涣悦送来的烧鸭太老了，关于鸭之老嫩的讨论，我们后面在《吃螃蟹的讲究》一文还会讲到，有趣得很，此处不赘述。还嘱咐其"烧鸭须至九十月间送来"，因为病后的袁枚胃口不太好，当然了，估计陶同学家的烧鸭也不是上品，否则以袁枚的性格，应该说"速速送来"才是。烧鸭怎么做他没说，但其中的粤菜"卤鸭"的做法，他讲了：

> 卤鸭：不用水，用酒，煮鸭去骨，加作料食之。高要令杨公家法也。

"卤"，这一用水、香料、盐或酱油对食品进行煮制的技法，南北皆有，明朝太监刘若愚在《酌中志·饮食好尚纪略》中就有："十二月初一日起，便家家买猪腌肉。吃灌肠、吃油渣、卤煮猪头……"卤的技法是煮的分支，所以也叫"卤煮"，袁枚在这里直接称"煮"，没毛病。《随园食单》收录的卤鸭，袁枚明确地说是"高要令杨公家法也"，既然是肇庆府高要县县令杨兰坡家里的做法，当然算是粤菜，特别之处是"不用水，用酒"，以酒代水；另一讲究之处是"煮鸭去骨"，即上桌前把鸭骨头都去掉，至于"加作料食之"，应该是往鸭肉上浇酱料或蘸酱料，至于这种酱料是什么，袁枚没说。

袁枚描述这个菜的做法太简单，有几个"谜"待我们去破解，首先是香料：明明是"卤鸭"，却没有写加什么香料、数量多少，甚至连"卤"字都没出现，为什么呢？

这是因为在写卤鸭之前，袁枚就写了"卤鸡"：

> 囫囵鸡一只，肚内塞葱三十条、茴香二钱，用酒一斤，秋油一小杯半，先滚一枝香，加水一斤、脂油二两，一齐同煨；待鸡熟，取出脂油。水要用熟水，收浓卤一饭碗才取起；或拆碎，或薄刀片之，仍以原卤拌食。

"囫囵鸡"就是一只完整的鸡。"囫囵"本字是"榾"，《说文解字》有："榾，棍木未析也。"棍木是整根木头，未劈成柴叫"榾"。"榾"音"胡昆切"，缓读为"囫囵"，意思是整个儿、完整的，至于在"囫囵吞枣"里指含糊、糊涂，那是引申义。其中，卤水的配方，袁枚列得清清楚楚，连具体数量都非常详细。做法则细化成好几步：第一步，加入酒、葱、茴香、酱油和鸡先煮一炷香的时间，约半个小时；第二步，再加一斤开水和二两油，慢火煨，至于需煨多久，没细说；第三步，把油撇出来，大火收汁至只有约一碗浓汤汁的程度；第四步，把鸡用手撕或薄切成片，蘸原汁吃。步骤如此详细，已经讲得很到位了。卤鸡和卤鸭的技术要点差不多，所以袁枚在讲卤鸭时就写得很简略。

谜之二：为什么要以酒代水？用什么酒？

袁枚对黄酒情有独钟。作为浙江人，又长期在江苏生活，江浙是黄酒的主产区，袁枚喜欢黄酒也就不奇怪了。那时烹调用的酒，就是黄酒，至于现在烹饪常用的以黄酒为原料，再加入糖、砂仁、花椒、桂皮、姜等香料和调味料制成的料酒，它的出现离袁枚生活的时代还远着呢。

《随园食单》中烹饪时用到酒的菜不少，但像杨兰坡家的卤鸭，以酒代水的并不多见。烹饪中加酒，主要作用是去腥。鸭肉的腥味主要来自宰杀时因血放得不充分而残留下来的血和自身的风味蛋白、风味肽等。另外，鸭肉宰杀完放置一段时间后，肌肉中的蛋白质、氨基酸等物质在微生物的作用下转化为氨、三甲胺、甲硫醇等异味物质，也会产生腥味。卤鸭时加入黄酒，鸭肉中有腥味的胺类物质会随着酒精一起挥发，腥味也就消失了。另外，卤鸭时加酒，这是典型的酯化反应，即酒里的乙醇、乙酸与鸭肉的脂肪产生化学反应，生成具有芳香气味的乙酸乙酯，这就是"增香剂"。我们现在做卤肉，一般都会放点糖增加些甜味，以平衡香料里的苦味，但《随园食单》里做卤鸡、卤鸭均不放糖，这是因为黄酒本身有甜味，放了这么多黄酒，已经够甜了。去腥、增香还带甜，这就是杨兰坡卤鸭以酒代水的原因。

谜之三是杨兰坡卤鸭的讲究。卤味各地都有，为何杨兰坡家的卤鸭能令袁枚念念不忘？除了用大量酒烹饪外，还因其吃法的讲究——"煮鸭去骨"，上桌前把鸭骨头都去掉，只把鸭肉切了端上桌。看来，那个时候粤菜的精致已经如同今日的西餐，端到客人面前的是去了骨头的，避免了吃饭时"吞吞吐吐"的不雅。类似的讲究，还有杨兰坡家的"剥壳蒸蟹"，此道菜也令袁枚激赏不已。

杨兰坡家的卤鸭的另一番讲究是蘸酱。在讲卤鸡时，袁枚提到"仍以原卤拌食"，即以"原汤配原食"。而杨兰坡家的卤鸭，是"以作料食之"，看来是另备一种酱料，遗憾的是袁枚没有讲是什么酱料。

更令人遗憾的是，这种粤式卤鸭已经失传，连粤卤也日渐式微。粤菜里的烧腊，包括烧味、卤味和腊味，随着烧猪、烧鹅、叉烧、广式腊味等的兴起，粤卤逐渐居于次要位置，只有少数几家粤菜餐馆做的白卤水有些亮点，能得到市场认可。倒是潮州菜，把卤水做到了极致，潮汕卤鹅名闻天下。看来这道菜有重新复原研发的必要，粤菜卤味也到了重振雄风的时候了。

袁枚在肇庆及附近游山玩水，停留了半年，他还在肇庆鼎湖山庆云寺吃了顿斋饭，对此他也赞不绝口。此事见《同杨兰坡明府游鼎湖作》，诗中袁枚说"已看庄严十分供，重餐精绝八关斋"。他们去的那天，山上的庆云寺正举办八关斋会，祈福报德，施舍素食斋饭，袁枚在杨兰坡的陪同下吃了一顿斋饭，并作诗。此诗现在还刻于庆云寺客堂墙壁的一块高五十一厘米、宽八十三厘米的石碑上。

"七十老翁不知老，来看岭南山色好"，袁枚在肇庆吃美了，待了半年后，才经阳朔、临桂、兴安、全州等桂林各地北返随园。离开肇庆八年后，乾隆五十七年（1792），《随园食单》才出版，世人才得以看到其中的这8道粤菜。

由此可见，在袁枚生活的时代，粤菜的精细程度不亚于淮扬菜。粤菜师傅们，你们可要加油了，粤菜在历史上可是以精细著称的。

第二篇

官府菜的心思

煨鲟鱼

尹继善家的秘制菜

《随园食单》中，不乏达官贵人家的美食，盖因那时的餐饮业还不发达，请客吃饭主要是家宴，达官贵人家里三妻四妾，子孙满堂，自家日常吃喝也是个大工程，主理家宴的厨师必须有"两把刷子"，否则不光家里人吃不好，招待朋友也有失脸面。

在这些达官显贵中，"尹文端公"的名字经常出现，这人就是大清名臣尹继善。尹继善是袁枚的恩师，袁枚在江苏为官时，尹继善还是他的顶头上司——两江总督，与袁枚关系相当好。后来尹继善官至文华殿大学士兼翰林院掌院学士，乾隆三十六年（1771）去世，享年七十七岁，获赠太保，谥号"文端"。袁枚作《随园食单》时，尹继善已经去世，所以袁枚称其为"尹文端公"。我们先来看看尹继善家有什么好吃的。

其一，煨鲟鱼。

关于这道菜，袁枚说"尹文端公，自夸治鲟鳇最佳，然煨之太熟，颇嫌重浊"。虽然尹继善很自信，但袁枚却给了这道菜差评，说煨得太熟了，味道也太过浓郁。袁枚对煨鲟鱼有自己的一番见解："将鱼白水煮十滚，去大骨，肉切小方块。取明骨切小方块。鸡汤去沫，先煨明骨八分熟，下酒、秋油，再下鱼肉，煨二分烂起锅，加葱、椒、韭，重用姜汁一大杯。"

袁枚的方法是整条鱼先焯水，再去掉大骨，鱼肉切成小方块。所谓"明骨"，就是鲟鱼的额头到鼻梁的一条软骨，这条软骨主要成分是胶原蛋白，经过一段时间的焖煮，胶原蛋白会分解为明胶，带来软糯的口感。这条软骨也要斩成小方块，先加入鸡汤小火煨至八分熟，下酒和酱油调味，再下鲟鱼肉煮至两分烂，加葱、韭菜、花椒和一大杯姜汁，齐活，起锅装盘。

袁枚这个方法，将软骨和鱼肉分阶段先后烹饪，这是正确的，目的是避免和尹继善家一样"煨之太熟"，要知道鱼肉煨久了，肌纤维过分收缩，鱼的汁液被挤了出去，吃起来就没有鱼味，尽是调料的味道。不过，按袁枚的做法，姜汁、酒、酱油、葱、韭菜、花椒都下，这味道也清淡不到哪儿去，尹继善家更"重浊"，可想而知老尹家口味相当重。

二者不存在谁对谁错或者孰优孰劣的问题。尹继善是顺天府大兴县（今北京市大兴区）人，隶属满洲镶黄旗，祖上更是穆都巴延，本居长白俄莫和苏鲁，属于东北，喜欢重一点的味道，很正常。袁枚是杭州人，长居苏州，江南崇尚清淡一点的味道。这是烹饪习惯问题，也因不同人肠道菌群不一样，决定了口味偏好有重有轻。

乾隆年间，来自东北的"鲟鳇鱼"（黑龙江流域的施氏鲟和达氏鳇的统称）只能由皇室独享。乾隆皇帝下令捕鳇、贡鳇之事由朝廷内务府直接管理，专设"吉林打牲乌拉总管衙门"，下设"务户里达"，规定民间不准私捕鳇鱼，更不许吃鳇鱼，违者砍头。尹继善和袁枚吃的是长江鲟鱼，不在贡品之列，所以可以大吃特吃，但那个时候即便是长江鲟鱼也已不多，物以稀为贵，不是大富大贵之家就不必惦记了。尹继善一生"一督云贵，三督川陕，四督两江"，当然有资格吃鲟鱼。而在今天，野生鲟鱼已被列入保护动物名录，千万吃不得，但养殖的可以吃。煨鲟鱼，我在广州北园酒家、北京泓0871吃过，一个是粤菜，一个是云南菜，味道都不错。

其二，风肉。

尹文端公家的这道菜让袁枚心服口服，对此他曾说：

> 杀猪一口，斩成八块，每块炒盐四钱，细细揉擦，使之无微不到。然后高挂有风无日处，偶有虫蚀，以香油涂之。夏日取用，先放水中泡一宵，再煮，水亦不可太多太少，以盖肉面为度。削片时，用快刀横切，不可顺肉丝而斩也。此物惟尹府至精，尝以进贡。今徐州风肉不及，亦不知何故。

这道菜用的是大块腊肉，与今日之小块腊肉不同，一头猪只斩成八块，那时候的猪不大，去掉猪下水，一块也得有八至十斤的。腊肉就是靠干燥保鲜，其关键是将猪肉里的水分降至18%以内，在这种环境下，青霉菌和曲霉菌都无法生存，猪肉也就不会腐化并发生霉变了。尹继善家的风肉制作，精准掌握了盐的比例。每块猪肉用盐四钱，这种盐是经过高温把其中的有害菌消灭了，同时也让盐更干燥。将盐揉擦均匀既使之入味，也让猪肉里的水分在不同的渗透压下加快析出。高挂于"有风无日处"，让猪肉风干脱水。至于徐州的风肉为什么不如尹继善家的好，那是因为徐州的湿度、温度和空气中的微生物菌群与尹继善做风肉的地方——南京不一样，尤其是微生物菌群，虽然肉眼看不到，但它们让风肉内部发生了复杂的化学变化，产生了不同的风味物质。在那个年代，袁枚不可能知道这个原因，所以发出"亦不知何故"的感叹。

尹继善一家人口众多，儿子就有十三个，加上妻妾、女儿，每天的食物消耗量不少，再加上尹继善十分好客，每年做的风肉数量自然十分可观。更重要的是，有好吃的还要想到皇上，给皇室进贡，这笔开销更是难以计算。尹继善虽然得到雍正、乾隆两帝恩宠，但乾隆皇帝一度认为尹继善"好名用巧，居心不诚"，对其屡加斥罚，但他工作能力太强了，为官为人也没有太大的毛病，所以只是批评教育，罚酒三杯，连扣发奖金都没有过，其中应该也有风肉的一份功劳，毕竟"吃人嘴软"，想必乾隆皇帝也不例外。

其三，蜜汁火方。

袁枚写过一道"蜜火腿"，就是江浙名菜"蜜汁火方"的前身：

取好火腿，连皮切大方块，用蜜酒煨极烂，最佳。但火腿好丑、高低，判若天渊。虽出金华、兰溪、义乌三处，而有名无实者

多，其不佳者，反不如腌肉矣。惟杭州忠清里王三房家，四钱一斤
者佳。余在尹文端公苏州公馆吃过一次，其香隔户便至，甘鲜异
常，此后不能再遇此尤物矣。

从袁枚描述的文字看，做蜜火腿的关键不是烹饪手法，而是火腿
本身。顶好的火腿一斤要四钱银子。真是一分钱一分货。袁枚在尹继善
家吃过一次，对此给出的评价是整个《随园食单》里极少用到的赞美之
词："其香隔户便至，甘鲜异常，此后不能再遇此尤物矣。"这次袁枚的
味蕾是彻底被征服。

我们今天吃的"蜜汁火方"，做法比袁枚所描述的要复杂些，用料
主要有金华火腿、莲子或蚕豆、松子仁、蜂蜜、猪油、糖桂花、冰糖、
淀粉等。做法大概是：第一步，先将金华火腿修成大方块，皮朝下放在

砧板上，用刀剞小方块，深度至肥膘一半；第二步，将处理后的金华火腿皮朝下放入碗中，加入清水（水没火腿），上笼蒸约两个半小时后取出，滗去汤汁；第三步，加冰糖、清汤，上笼蒸约一小时后取出；第四步，单独将白糖、莲子或蚕豆上笼蒸三十分钟，再取出滗去卤汁，加入蒸火腿的盘中；第五步，用猪油将松子仁炸至金黄色，取出待用；第六步，将锅置旺火上，倒入卤汁，加蜂蜜烧至沸腾，用水淀粉勾芡，放入糖桂花搅匀，再浇在火方上面，撒上松子仁即成。

这是一道颇为耗时的菜，仅蒸火腿就要蒸三个半小时，但更重要的是找到好的火腿。好的火腿，瘦肉香且咸中带甜，肥肉香而不腻，美味可口，这需要好的猪肉、合适的温度、湿度和微生物共同"发挥作用"，与袁枚一样，我们今天要想找到好的火腿并不容易。

其四，鹿尾。

大清统治者来自东北，吃鹿是他们的顶级享受，那个时候还无法人工养殖鹿，全靠野外捕获，所以弥足珍贵。大清皇帝赐给近臣的礼物，经常亲书"福""寿"两字，至于"禄"字则一定不写，盖因"福"与"寿"属于精神层面的向往和寄托，而"禄"却是官方可以决定的，万一人家拿着这字要求兑现实物就不好办了，所以赐同音的鹿肉代替，鹿在大清，名贵得很。

袁枚吃过鹿肉和鹿筋，但最赞赏的还是鹿尾，这点爱好与尹继善完全一致：

> 尹文端公品味，以鹿尾为第一，然南方人不能常得，从北京来

者，又苦不鲜新。余尝得极大者，用菜叶包而蒸之，味果不同。其最佳处，在尾上一道浆耳。

这里袁枚透露了两个重要信息：一是尹继善将鹿尾列为第一美味；二是鹿尾之所以好吃，是因为鹿尾上有一层呈半流质的脂肪，也就是袁枚所说的"尾上一道浆"，其主要成分是脂肪和胶原蛋白，经过长时间的炖煮，胶原蛋白分解为明胶，将脂肪紧紧包住，吃起来又糯又香，满嘴流油，在那个年代，这就是好吃。

其五，粥。

别看国人吃粥吃了几千年，但在"何为一碗好粥"的问题上却始终无法统一意见。比如今天的粤菜里，只见粥水不见米的"明火白粥"和"无米粥"，潮州菜里"水是水、渣是渣"的潮州白粥，在袁枚眼里都不合格，他认为：

> 见水不见米，非粥也；见米不见水，非粥也。必使水米融洽，柔腻如一，而后谓之粥。

煲好一煲粥，不仅仅是选什么米、用何种水的问题，还牵涉米和水的比例问题，火候如何掌握，以及粥做好后何时吃等问题，在这点上他高度赞赏尹继善的观点，他说：

> 尹文端公曰："宁人等粥，毋粥等人"。此真名言，防停顿而味

变汤干故也。

煮粥，本质上就是淀粉的糊化。大米的主要成分是淀粉，淀粉是高分子碳水化合物，当我们往大米中加水并进行加热，淀粉颗粒开始吸水膨胀，达到一定温度后，淀粉颗粒突然迅速膨胀，继续升温，体积可达原来的几十倍甚至数百倍，悬浮液变成半透明的黏稠状胶质，这种现象被称为淀粉的糊化。煮粥时大米糊化，就变成粥粒，部分淀粉被稀释到水里，形成黏糊状的粥水。如果此时不吃，余温会让淀粉继续糊化，更多的淀粉就会释放到粥水里，让粥水更加黏稠，如此反复。如果继续存放，部分水分还会蒸发，这就是袁枚所说的"汤干"，粥水的黏稠度还会影响粥水的味道，这就是袁枚所说的"味变"。如此看来，尹继善于美食讲究方面的段位不在袁枚之下，之所以声名不彰，主要是不像袁枚那样，吃到好吃的就哼唧几声并记下来。

尹继善属于美食的实践派，对成为美食家他没有兴趣，他的兴趣在政治上。他在雍正元年（1723）考中进士，那时才二十九岁，五年后即任封疆大吏，六载成巡抚，八载至总督，平步青云，仕宦生涯显赫，这在八旗子弟中简直就是一个超级政治明星。乾隆四十四年（1779），乾隆帝撰《怀旧诗》，将尹继善置于"五督臣"中，称八旗读书人，"继善为巨率"，"政事既明练，性情复温厚，所至皆妥帖，白是福星辇"，又云："尹继善公正端厚，所至以爱民为先务，故甚得名誉，临事不动声色，而大小悉就理筹画，河工诸务并协机要。"现在看来，乾隆这一评价是比较公正的。《清史稿》对尹继善的评价是"为政明敏，且公正端厚。为官以爱民为先，在江南前后三十年，甚得名誉"。他久历宦途，深谙人情世故，巧于趋利避害，袁枚说他"身如雨点村村到，心似玲珑面面通"。他与袁枚关系极好，对袁枚的才识极为欣赏。袁枚当年参加朝考答试题"赋得因风想玉珂"，诗中有"声疑来禁苑，人似隔天河"的妙句，阅卷官们以为一个考生在如此庄严的朝考竟然提到皇宫内苑，"语涉不庄，将置之孙山"，幸得当时考官之一大司寇（刑部尚书）尹继善挺身而出，袁枚才免于落榜，得中进士，授翰林院庶吉士。袁枚调任两江后，二人过从甚密，"偶然三日别，定有四更留"。袁枚经常与尹继善和诗，更是在他府上混吃混喝，随便得很。尹继善在担任两江总督的后期，喜欢评点江浙士大夫的私房菜，但他的身份不方便在人家那里吃饭，袁枚也就当了他的"替身"。袁枚说："尹公晚年，好平章肴馔之事，封篆余闲，命余遍尝诸当事羹汤，开单密荐，余因得终日醉饱，颇有所称引。"他也举荐袁枚升职，但因为袁枚任内漕项钱粮征收不力而被吏部否决了，袁枚早就看透官场，趁母亲生病的机会，以照顾母亲为由提出辞官不做，尹继善极力挽留，奈何袁枚去意已决，不久尹继善也从两江总督调任两广总督，袁枚得以辞官做个闲人，终成大诗家和大美食家。

看来要成为美食家，"有闲"是必备条件之一，尹继善懂吃，但在美食上没有投入更多精力，所以也就到此为止，幸好袁枚还给他记了几笔，否则连他懂吃会吃，后人可能都不知道。

陶方伯家的葛仙米和十景点心

出现在《随园食单》里的人物约有五十人，有朝中权贵、文人雅士、商人、僧侣道士、市井人物等，其中又以权贵的人数最多，至少有三十五人。袁枚也是官员出身，他的朋友圈多官员，这很正常；再加上大清的官员待遇不错，有足够的经济条件享受美食，这位陶方伯就是很好的例子，他两次出现在《随园食单》里，第一次见：

葛仙米：将米细检淘净，煮半烂，用鸡汤、火腿汤煨。临上时，要只见米，不见鸡肉、火腿搀和才佳。此物陶方伯家制之最精。

葛仙米虽然名字里面有"米"，但并非米，而是一种藻类植物，学名拟球状念珠藻，俗称天仙米、天仙菜、珍珠菜、水木耳、田木耳，主要分布于湖北鹤峰的走马镇，附生于稻田、浅水池沼、湖、溪的砂石间或阴湿的泥土上，湿润时展开，呈蓝绿色，干燥时卷缩，呈灰褐色，采集干燥后颗粒呈圆形，煮熟后比米粒大。古人见到这种多与水稻共生的水生藻类植物，不开花也不结果，无根无叶，还营养丰富，很自然地将它与道教先驱葛洪联系起来，"葛仙"即葛洪，状如米，于是称之为葛仙米。

古人发现葛仙米可以吃，当然不会放过。宋代著名诗人黄庭坚的《绿菜赞》，有认为写的就是葛仙米，做法是"芼以辛咸，宜酒宜餗"，就是弄点辣的咸的调味，与酒和佳肴美味都很搭；明代的王磐又将其编入《野菜谱》中，后来徐光启又将其收入《农政全书》中；清代赵学敏所撰的《本草纲目拾遗》中也有记载，做法是"以醋拌之，肥脆可食"，这是凉拌，"以水浸之，与肉同煮，作木耳味"，这是肉煮葛仙米。《清史稿》记载葛仙米为贡品、御膳，末代皇帝溥仪的著作《我的前半生》中有道菜就叫"鸭丁熘葛仙米"，"熘"是一种烹饪方法，跟炒相似，作料里掺淀粉。这道菜大概是将鸭肉切成丁，与葛仙米同炒，葛仙米的果胶释放出来后，鸭丁仿佛裹上一层淀粉，故谓之"熘"。

袁枚推荐的陶方伯家的做法则要讲究得多：先将葛仙米颗粒认真检查，保证粒粒皆佳；再淘洗干净，煮至半烂；继而加入鸡汤和火腿汤。吃这道菜时只见葛仙米，不见鸡肉和火腿，葛仙米的味道本身很寡淡，加了鸡汤和火腿汤后，变得异常鲜，这让大家如丈二的和尚，摸不着头脑，不知鲜味从何而来。鸡肉和火腿在熬汤后，味道基本都被萃取了出来，不过其主要营养成分蛋白质仍然有约95%留在汤渣里，而且葛仙米也富含蛋白质，让这道菜营养丰富。这样的菜品设计，不论是味道表达还是口感，甚至是趣味性都很巧妙。另外，煲汤用的鸡肉和火腿也不会被浪费，陶方伯再怎么节俭，家里的佣人也还是有几个，这些东西对他们来讲依然是美味。

袁枚生活的时代，葛仙米是难得的美食，他在给学生陶涣悦的信札中说过："所许葛仙米务希带来，以诸公竟未知世间有此味，故也。"这封信传达了两个信号：一，很多人没吃过葛仙米，袁枚打算在随园做给客人尝尝；二，袁枚家里也没有葛仙米，所以葛仙米向学生陶涣悦要。陶方伯家这道葛仙米如此讲究，真是羡慕死袁枚了。

陶方伯家还有一道美食，为"陶方伯十景点心"：

> 每至年节，陶方伯夫人手制点心十种，皆山东飞面所为。奇形诡状，五色纷披，食之皆甘，令人应接不暇。萨制军云："吃孔方伯薄饼，而天下之薄饼可废；吃陶方伯十景点心，而天下之点心可废。"自陶方伯亡，而此点心亦成《广陵散》矣。呜呼！

这是《随园食单》里着墨较多的一道菜品，里面包含太多信息：首先，点心为陶方伯夫人所作，每至年节都做，女主人亲力亲为，不把自己当贵夫人；其次，点心用的是山东飞面，也就是山东面粉，这与陶方伯是山东人有关；再次，点心"奇形诡状"说的是样式之奇特，"五色纷披"指颜色搭配多样，"食之皆甘"即味道很不错，"令人应接不暇"是从吃客的角度说出看到、吃到很多新奇的美味，又引用江南河道总督萨载的评语"吃陶方伯十景点心，而天下之点心可废"，相当于说这是天下点心的"天花板"；最后，说陶方伯去世后，这点心就如《广陵散》一样失传了！此处有几字值得注意，说陶方伯去世，用的是"亡"，最后再用了感叹词"呜呼"欲言又止。这些信息背后有一个令人唏嘘的故事，袁枚无法说，我来替他说。

这个陶方伯，就是时任江苏布政使的陶易，字经初，号悔轩，据《清史稿》载，陶易出生于威海卫城里，父亲陶正士在雍正癸卯年拔贡，任江西长宁县知县。陶易是陶正士的第二个儿子，幼年聪颖好学，因其叔父早逝，婶母吕氏年轻无后，陶易在四岁时就被过继给叔父，从此，孤儿寡母相依为命。母子两人"忍饥耐寒，彻夜不眠，点着松明，母织儿读"。乾隆九年（1744），陶易入京师，进太学，苦读寒窗；乾隆十七年（1752）中举，两年后被派往湖南，历任桃源、浏阳、益阳、衡阳等县知县；乾隆二十八年（1763），代理衡阳知府；乾隆三十八年（1773），陶易受任于淮安知府，后因政绩卓著，升任广东惠潮嘉道，保举留守江安督粮道；乾隆四十一年（1776）升任江苏布政使（从二品）。陶易出身清贫，做官之后廉正节俭，体察民情，心系百姓，是一位深得民心、口碑甚佳的清官和能吏。

抚养陶易长大的婶母吕氏，在陶易刚踏上仕途不久就与世长辞了。吕氏去世，陶易悲痛万分，回籍守孝三年，之后每每回忆养母，移孝作忠，一心扑在工作上。乾隆三十四年（1769），陶易任淮安知府，算是事业有成了，他广发名帖，邀请同乡、亲朋好友、名人志士作诗念母，当时的冀宁道徐浩就作《陶节母诗》叹曰："儿今既成名，母死焉得知。

从来儿有禄，难补慈母饥。"

与袁枚交往的官员，基本上也是诗文了得的，这才与他有共同语言，但陶易是个例外。袁枚收到陶易为其母赋诗的名帖时，两人并未曾谋面，那时在江宁的袁枚，已经辞官归隐多年，但名声已是显赫。他一直关注着这位深得民心的清官，早就在其著作中记叙了陶易在知州任上审理属县乐平的一个案例，清明廉正。两个人虽不曾见面，但彼此已惺惺相惜。

袁枚抵淮安府，陶易出城三十里迎接，一连几日的促膝长谈，让两人更加相互敬重。陶易敬佩于袁枚的博学多才，而袁枚则欣赏陶易的清正廉洁；陶易给袁枚讲述他们孤儿寡母清贫度日，几度哽咽，袁枚也触景生情，想起自己的老母亲，一样泪湿前襟。袁枚于是为陶易慈母作诗六首，序云：

> 太守名易，文登人，母吕氏，寡居。易以从子嗣，家故贫也。冒雪采薪，为枯桥所戕，指血涔涔然，夜辄煨芋魁，诱易读书。易贵后，状其事索诗。

说的是陶易六岁时，陶母大雪天因家中缺柴断炊，到山中拾柴，十指被树枝伤，血流不止；以及陶易读书读到半夜，母亲为其煨芋充饥的感人故事。

袁枚交代了这次征诗的缘由，然后一气呵成赋诗六首，如其一：东海慈云拥绛纱，长沙太尉旧人家。恐将银管千枝笔，难写灵萱一树花。

陶易是山东人，所以用"东海慈云"。"长沙太尉"指东晋名将陶侃，他是鄱阳郡人，官至太尉。"萱"指萱草，指母亲。大意为：母亲吕氏对儿子的教育，继承陶氏先祖陶侃的家风，用一千支笔也难描写这位善良的母亲。又如其六：风诗唱遍鲁陶婴，天上金章几度旌。寄语世间诸母氏，佳儿不必自家生。刘向在《列女传》中讲过一个故事，春秋时期一个鲁国人，名陶婴，她的丈夫死了，她独自抚养孩子，以纺线为生。鲁国有一人想娶她，她就写了一首《黄鹄之歌》，后来那个人就不敢再提亲了。大意为：将陶母比喻为春秋时期的鲁陶婴，受到朝廷的旌表，以此告诉天下众母亲，儿子不一定是亲生的好。

陶易读罢袁枚所作诗句，痛哭流涕，对袁枚施礼便拜，袁枚急忙上前搀扶。陶易赠袁枚数金，袁枚坚决不受，两个人的友谊自此更上一层楼。《随园诗话》（卷十二·四九）载：

> 余六十三岁，方生阿迟。时家弟春圃观察在苏州，勾当公事；接江宁方伯陶公飞檄文书，意颇惊骇，拆之，但有红笺十字云："令兄随园先生已得子矣。"常州赵映川舍人诗云："佳问有人驰驿报，贺诗经月把杯听。"

说的是袁枚六十三岁迎来了儿子袁迟，当时堂弟袁鉴在苏州当道员，接到上司江苏布政使陶易的加急公函，以为有什么大事，打开一看，原来是报喜，说袁枚老来得子一事，可见彼此关系之亲密无间。

但就是这么一位励志的廉吏能吏，却不得善终。乾隆四十三年

（1778），江苏东台监生蔡家树，到布政使衙门告发同乡已故举人徐述夔所著《一柱楼诗集》，其中"明朝期振翮，一举去清都"有抨击朝廷的恶意。陶易仔细地查阅了这部诗集，对蔡家树揭发的"反动"诗句反复推敲，认为这句诗作者的原意是："明天早晨能展开翅膀，一下子飞到天神居住的地方。"没有发现有抨击朝廷的意思，再考虑到举人徐述夔早已去世，如果上报，必定株连活着的人。他鄙视蔡家树这种人，决定把此案压下，不予受理，蔡家树把陶易不受理案件一事向朝廷告发。乾隆看了《一柱楼诗集》后，大为恼火，认为这是借"朝夕"之"朝"作"朝代"之"朝"，"去清都"就是反清复明，于是下令把徐述夔的尸骨挖出戮尸；因前已故礼部尚书沈德潜为徐作过传，令撤销其生前谥号；并下旨逮捕陶易，革职，递京论斩。陶易接旨递解赴京时，百姓夹道相送，哭声数里不绝，陶易极度悲愤，途中病发，至京十日而卒，逝年六十四岁。

这是乾隆时期兴起的尤为著名的文字狱，袁枚敢在《随园食单》中提及陶易已属不易，所以对他的不幸离世，只敢说"亡"。魏晋思想家、音乐家嵇康以善弹《广陵散》著称，为司马昭所杀，刑前仍从容不迫，索琴弹奏此曲，并慨然长叹：《广陵散》于今绝矣！"袁枚将"陶方伯十景点心"喻为《广陵散》，还"呜呼"了一句，这已经是对老朋友最大限度的纪念了，换作我，万万不敢！

看来袁枚还是很有风骨的，《随园食单》也不只是一部食谱那么简单。

钱观察家的"神仙肉"

袁枚真可谓"嘴大吃四方",在《随园食单》中,我们可以看出他对鸡、鳖、豆腐特别感兴趣;对猪肉,更是不吝笔墨,专门开设"特牲单"一章,大谈猪的各种做法,理由是"猪用最多,可称广大教主,宜

古人有特豚馈食之礼，作特牲单"。

袁枚写猪肉的各种做法，真是令人大开眼界，盖因很多做法现在已经消失。与袁枚生活的时代不同，现在猪肉已经是家常菜，若再如袁枚所记载般大费周章，商家卖不了多少，在家里做又太过麻烦，所以这些菜渐渐就被大家遗忘了。不过，被袁枚称为"神仙肉"的这道菜，似乎值得一试：

> 又一法：用蹄膀一个，两钵合之，加酒，加秋油，隔水蒸之，以二枝香为度，号"神仙肉"。钱观察家制最精。

这是《随园食单》"猪蹄四法"中最为简便的"一法"。大概是将一整只蹄膀放进两个合紧的钵内，加上酒和酱油，隔水蒸一个小时。做法和用料都很简单，关键是"两钵合之"，一整只猪蹄膀太大，放在一个钵内，会有一部分露出来，只能用另一个钵罩在它上面，这样才能密封。

猪蹄膀大到一个钵都装不下，这是那个时代苏州的风俗，夏曾传在《随园食单补证》中补充了这么一条信息：

> 苏俗宴客必用蹄膀，且必使胫骨耸出碗外，以表敬客之意。考《祭统》曰："凡为俎者，以骨为上。"吴人其以祭礼事生人邪？已可笑矣。又闻客言某县风俗，蹄膀上桌，客必争先下箸，以表其菜佳而尽欢之意，主人则必竭力拦阻，以为不堪下咽，自鸣其谦。以

致竟有刻木为之，使客无从得手者，岂不尤为可笑。

说的是那个时候苏州宴客必须有蹄膀，而且要使蹄膀里的胫骨露出来，以表示对客人的尊敬。有的地方主客双方还把这戏做足了，客人会主动去拿这根骨头吃，以示"菜很好吃，我连骨头都不放过"。而作为主人，则要千方百计阻拦，说："这东西不好吃，你还是吃肉吧。"这是民间的待客习俗，至于为什么会有这种习俗，夏曾传引用西汉戴圣的《礼记·祭统》说明，这部探讨古代祭祀文化的文献开篇即言："凡治人之道，莫急于礼。礼有五经，莫重于祭。"肉带骨祭祀是对先人的尊敬，夏曾传取笑苏州人把祭祀的礼节用到待客上，这就不厚道了。再说了，各地待客之道是一种习俗，这种习俗的形成往往历史悠久，也很难考证其源头，夏曾传如此关联，也不太靠谱。

蒸蹄膀露骨，一个钵当然很难装下，必须套上另一个钵才盖得严实。盖严实的考虑是其次，其中的主要奥妙，还是要用现代烹饪科学来解释。

这种方法，水蒸气进不去，但里面的酒遇热后可以挥发出来。水蒸气是由下往上跑，遇到阻力后又返回而循环加热。如果用过于严实的盖密封，水蒸气进不去，但酒也出不来，蒸出来的蹄膀就是一股酒味，吃蹄膀无异于喝酒。这种用两个钵上下罩住的方法，使得外面的水蒸气进不去，但里面的酒精在七十八摄氏度左右开始从两个钵之间的空隙中挥发出来。这个过程也是酒与蹄膀产生酯化反应，生成具有芳香气味的乙酸乙酯的过程。蹄膀因此芳香扑鼻，两炷香的工夫（约一个小时），足以让蹄膀里的猪皮、蹄筋等结缔组织分解为明胶，带来软糯的口感。

这种做法只用酱油和酒，味道未免寡淡了一些，似可参考袁枚在此之前说的其他烹饪方法加以改进。方法一：取蹄膀一只，先煮烂，捞出，用一斤好酒、半杯酱油、一钱陈皮、四五个红枣一起炖烂，起锅时去掉陈皮和红枣，加入葱、花椒、酒。方法二：用虾米煮出汤，加上酒和酱油，把蹄膀放进去炖至软烂。方法三：先将蹄膀煮熟，再用素油将其炸至皮收缩起皱，再加佐料红焖。

袁枚说这道菜"钱观察家制最精"，这个"钱观察"就是时任江苏按察使、与袁枚同一年中秀才的同学钱琦。钱琦字相人、湘纯，号屿沙、述堂，仁和（今浙江杭州市）人。乾隆二年（1737）进士，改庶吉士，授翰林院编修，历任河南道御史、江苏按察使、福建布政使。

据《清史稿》载，钱琦幼时曾被称为奇童。十五岁那一年，由于文采出众，为当时的仁和县县令胡作柄所赏识。胡作柄每个月都要选择一个早上召集县里的优秀学子聚一次，让大家在一起切磋交流。钱琦的家离县衙大约二十里，每次赶会，他都四更出门。遇到下雨天，则脱鞋子走路，由于路况不好，在雨天的时候，当他到了县衙，往往两个脚板都磨出了血。胡作柄见此情形，于心不忍，就让他住在衙门里读书。后来胡作柄被罢官，钱琦只好一边摆摊，一边读书。他的一位族叔为他坚忍的求学意志所感动，资助他读书。年少苦读的经历，让钱琦一生"于人世纷华名利，视若浮云"，连乾隆也屡称他为人"谨慎"。而在朋友圈中，也得到"清而和、坦中率真"的评价。即便官场中如大臣杨景素等与他格格不入者，也因为了解钱琦为人"素行高书，生无他肠"，并不太为难他。

袁枚比钱琦迟两年中进士，两人相交五十年，关系非同一般。钱琦在江苏按察使任上时，袁枚有《复江苏臬使钱屿沙先生》，居然教钱琦如何当好按察使："按察使何官乎？按者，按狱也；察者，察吏也。二者孰急？察吏为急。何也？狱之上闻者，公得而按之，其不上闻者，公不得而按之也，其得而按之者，吏也。公能察吏，则狱皆平，而不按如按矣。"

曾有退休官员对袁枚大谈自己做官生涯的丰功伟绩，袁枚对此很是反感，他先引用《论语·宪问》：曾子曰："君子思不出其位。"认为君子所思虑的应不越出他的职权范围；又引用《中庸》"君子素其位而行，不愿乎其外"，意思是应安于现在所处的位置，并努力做好应当做的事情；又说在读到自己的老朋友、福建布政使钱琦所写"剧怜到处皆为客，生怕逢人尚说官"诗句时，用"距跃三百"这个成语来表达自己的心有戚戚焉。《随园诗话》卷六·一一三载：

> "君子思不出其位。"又曰："素其位而行。"余雅不喜解组人好说在官事迹。钱屿沙方伯有句云："剧怜到处皆为客，生怕逢人尚说官。"余读之，距跃三百。

"距跃三百"这一成语典出《左传·僖公二十八年传》。说的是周襄王二十年（前632）四月，晋、楚两国在卫国城濮（山东鄄城西南）爆发了争夺中原霸权的首次大战——城濮之战。城濮之战的前哨战是晋国进攻曹国，三月初八日，晋军攻入曹国，为了报答曹国大夫僖负羁从前对自己的恩德，晋文公下令不准军士骚扰僖负羁和他的族人。然而，军中大将魏犨和颠颉不高兴了，他们是陪晋文公一同流亡的功臣，说："僖负羁不过是在当年君上流亡路过曹国的时候提醒曹侯要以礼相待，私下又赠送了君上一餐饭食。这点儿小恩小惠你就记得，我们陪着你鞍前马后，流亡十九年，你怎么不记得呢？怎么没见你报答我们呢？"魏犨和颠颉故意违抗军令，一把火烧了僖负羁的宅子。晋文公也不高兴了：这不只是违抗军令，还是在挑战他晋文公的权威啊！于是决定杀鸡儆猴，处决二人，但又爱惜魏犨的才能。此时，魏犨胸口受了伤，晋文公派军司马赵衰去慰问和探视魏犨的伤势，并告诉赵衰，如果魏犨的伤势很重，就把他杀了。魏犨等赵衰来看他时，用布把身上的伤缠紧，忍住疼，说："国君尚且威灵，难道我敢图安逸吗！"为了证明自己身体还行，于是向上跳三百次，向前跳三百次。晋文公认为他还能打仗便赦免了他，只将颠颉一人斩首，以正军法。

这是一个知晓上意而保全性命的故事，袁枚早就看到，官场虽然带来富贵，但也存在巨大风险。揣摩上意，倾轧政敌，结党营私，沽名钓誉，这是生存法则。弄好了，加官晋爵；弄不好，人头落地，甚至是夷三族、灭九族。袁枚早早辞官，正是不堪官场的这一套，钱琦出此妙句，正戳中袁枚，这两人虽然一人在朝，一人在野，但价值观是一致的。

钱琦的女儿还是袁枚的学生，他们还是儿女亲家，《随园诗话》对钱琦及其儿女的诗多有赞赏，钱琦出诗集，袁枚为其作序，称其"立朝有风节，仕外多惠政，虽官尊，雅好为诗，其神清，其韵幽，曲致而不晦于深，直言而不坠于浅"。钱琦去世，袁枚为其作志铭，言其"海外诸诗尤为雄伟"。袁枚的评价是靠谱的，钱琦当过巡台御史，《台湾竹枝词》是他的名作。

《随园食单》还提到了钱琦家的另两道美味，一道是锅烧羊肉，"钱屿沙方伯家，锅烧羊肉极佳，将求其法"，可惜袁枚后来没问具体做法。另一道是凉拌海参丝。"尝见钱观察家，夏日用芥末、鸡汁拌冷海参丝，甚佳"，看来钱琦家里的美食相当上档次。

菜是好菜，官也是好官，钱琦官至二品，对自己也有要求，过着锦衣玉食的生活，仍保持两袖清风。

谢太守的猪里脊肉

　　袁枚写了很多猪肉的做法，其中也包括写里脊肉的，不过那个时候叫"猪里肉"。

　　按照猪肉的鲜嫩程度进行分级，里脊肉是猪身上仅有的两块特级肉。它们位于猪脊椎中后段内侧，一边一块，呈黄瓜大小的长条状，故又称为"黄瓜条"、内里脊条。我们有时会被误导，有的"猪肉佬"会把外脊肉也称为里脊肉，或混淆是非，把里脊肉称"小里脊肉"，而把外脊肉称"大里脊肉"。外脊肉是位于猪背椎骨两侧、贯穿猪脊的粗壮肌肉条。虽然外脊肉与里脊肉仅一字之差，但是肉质却逊色不少。与里脊肉相比，外脊肉肉质较柴，吃起来也不够鲜香滑嫩，它只是猪肉里面二三级的精肉。

　　今人难分里脊肉和外脊肉，而在袁枚生活的时代，懂里脊肉的也少之又少，袁枚说："猪里肉精而且嫩，人多不食。"这个"不食"不是不吃，意思是说大多数人不懂怎么吃。该怎么吃？看袁枚如何说：

> 尝在扬州谢蕴山太守席上，食而甘之。云以里肉切片，用纤粉团成小把，入虾汤中，加香蕈、紫菜清煨，一熟便起。

做法貌似简单，但颇费周章，需要先熬出虾汤，将里脊肉切片，用芡粉上浆、团成小饼状，再放入翻滚的虾汤中氽熟，加上香菇、紫菜清煮，一熟便要起锅。

这种用鲜汤氽肉的方法，现在在闽南菜中很流行，核心就是各种鲜味的表达和叠加：里脊肉裹上芡粉，肉汁被包住出不来，这就保证了肉的鲜与嫩；加入虾汤、香菇和紫菜，这是多种含鲜味的游离氨基酸和含甜味的核苷酸、甜菜碱协同作战，既为汤带来鲜味和甜味，也让里脊肉的外表沾上了鲜与甜。关键一步是一熟就要起锅，防止里脊肉过度加热而使肉汁外溢。如此"里应外合"，肉鲜、甜、嫩不在话下，汤还非常鲜美。当然了，由于现在猪里脊肉不够名贵，而且配角虾汤、香菇和紫菜一点也不比猪肉便宜，如此折腾不划算，我们现在常见的是将主角由里脊肉换成漳港海蚌、螺片、花胶、和牛、松茸菌……目的只有一个：提高客单价，而且让你掏腰包时感觉物有所值。

鲜汤氽肉的烹饪方法是袁枚在扬州谢蕴山太守席上学到的，谢蕴山就是谢启昆，他在乾隆三十九年（1774）任扬州知府。据《清史稿》载，谢启昆，字蕴山，江西南康（今赣州市南康区）人，乾隆二十六年进士，朝考第一，选庶吉士，授编修。他办事公正，两次任主考选拔人才时，均被公认为是有真才实学的学者，广受称赞。谢启昆历任镇江、扬州知府和山西布政使，嘉庆四年（1799），任兵部侍郎兼都察院右副都御使衔，署广西巡抚。谢启昆一生不仅为官清廉，政绩卓著，深得民心，且治学有方，著书立说，著有《树经堂集》《树经堂咏史诗》《西魏书》《小学考》《山谷外集·别集补》《史籍考》《广西金石录》《圣朝殉节诸臣录》《北楼记法帖》等多种，是杰出的历史学家，尤其是方志学家。

袁枚比谢启昆年长近二十岁，但两人关系很好。谢启昆主政扬州时，袁枚是谢家的常客，二人相知甚深，常有诗词唱和。袁枚《到清江题河库观察谢蕴山先生种梅图》中就记载了他赴谢府宴饮之事："我来袁浦试看蒸，美膳家家记不清。怪底公家称独绝，雪中久已学调羹。"袁枚说别人家的美食我记不清了，但谢府的美食我不仅记得住，连怎么做也学会了。

南京博物院收藏有一幅清代画家尤荫的画《随园馈节图》。画的是乾隆五十七年至六十年的某个重阳节前，袁枚从真州（现江苏仪征）买来真州名产萧美人糕点，用船运到南京，共三千件，其中给江苏巡抚奇丰额送了一千五百件，给谢启昆也送了。谢启昆为此连作四首诗，其一："绿扬城郭蓼花津，饤饤传来姓字新。莫道门前车马冷，日斜还有买糕人。"这是说买糕一事，时间是太阳快要落山时，所以说"日斜"，"莫道门前车马冷"，看来生意不怎么好，袁枚是慧眼识珠。其二："炊熟香糍梦未圆，饧箫声里数华年。多情赚得随园叟，满载醍醐不计钱。"这是说袁枚喜欢萧美人糕，到了"满载""不计钱"的地步，从另一个侧面说萧美人糕之美。其三："厨娘虽老制偏工，幕府分甘异品充。争执鹿鸣秋宴启，明年兆赐饼绫红。"这时的老板娘萧美人已不是徐娘半老，而是"老"，说袁枚是奔着糕点去的，不是奔着人去的。其四："指痕人影中丞句，翠袖碧云学士章。却笑当年馋太守，真州风物未亲尝。"为这事写诗唱和的有几个人，包括接受礼物的巡抚奇丰额，他在诗中有"山月不催人影去，江风犹傍指痕凉"，所以谢启昆说"指痕人影中丞句"，还说他当过扬州太守，离仪征不远，可惜就是没尝过这真州美味，他以"馋太守"自嘲，这次终于有机会一试。

这次送礼是大张旗鼓的，大家一起唱和，看来这个糕点也应该好吃。袁枚在《随园食单》中有"萧美人点"，说得很简单："仪征南门外，萧美人善制点心，凡馒头、糕、饺之类，小巧可爱，洁白如雪。""小巧"，这是手艺精湛，至于"洁白如雪"，当年的面粉没有增白剂，并不容易做到。

从谢启昆与袁枚的诗词唱和中，我们可以看出两人关系之深，那时候袁枚的家业经营有方，是个有钱的主，谢启昆官居从二品也不差钱，但他们所说的美食也不外乎糕点和里脊肉。反观我们今天的美食，虽然品种比他们当时丰富得多，但尴尬的是，今天我们享受美食，多是堆积名贵食材，像里脊肉这样的当然得靠边站，没了当年的雅致和诗情画意，惭愧惭愧！

蒋御史家的蒋鸡

袁枚对美食的理解视野开阔，也有自己的偏爱，比如猪肉，他一口气就介绍了五十三种吃法；而排第二位的则是鸡肉，介绍了三十五种做法。在《随园食单》的体例上，他为猪肉单独开设了"特牲单"；而对于鸡肉，则把它们放在"羽族单"的首位，并作了特别说明："鸡功最巨，诸菜赖之。如善人积阴德而人不知，故令领羽族之首，而以他禽附之，作《羽族单》。"

袁枚生活的时代，鸡肉还是宴席上的主角，拿得出手，摆得上台，今天鸡肉已经变成家常菜，虽然常吃，但专门拿出来说道的不多，做法自然也就变少了。袁枚提及的一些鸡肉的做法，如果以现代人的美食偏好略加改进，似乎还有市场，比如这道"蒋鸡"，我们先看袁枚怎么说：

童子鸡一只，用盐四钱，酱油一匙，老酒半茶杯，姜三大片，放砂锅内，隔水蒸烂，去骨，不用水。蒋御史家法也。

童子鸡是指生长刚成熟但未配育过的小公鸡，饲育期在一个半月至三个月之间，体重在一斤至一斤半。隔水蒸鸡的做法现在还很常见，但袁枚这道"蒋鸡"是把童子鸡放进砂锅里，一滴水都不放，盖上盖子再拿去蒸。蒸的过程中，水蒸气并不会跑进砂锅里，这道菜成菜时有少许汤汁，那是鸡里面的汁液，真真是"原汁原味"。袁枚的同乡小粉丝夏曾传在《随园食单补证》里补充说："此即神仙鸡法也，不用酱油亦可。"

"神仙鸡""神仙肉"，都是原盅隔水蒸，蒸汽只是负责传导热量，不掺入肉里面，汤汁就少，味道更加浓郁。另一个特点就是都要求蒸至软烂，大概是因为那个时候能常吃肉的人多数上了年纪，牙齿都不太好，肉不软烂吃不了。传说中的神仙，除了日子过得有滋有味，个个也都一把年纪，故以"神仙"命名。我觉得今天做这道菜可以不用把鸡肉蒸烂，童子鸡本身就嫩，现在大家牙口都不错，保留一点嚼劲，更香。还可考虑下点五指毛桃或椰子肉，喜欢荷香的还可以放荷叶，味道也会更加丰富，也有更多的选择。至于酱油，是为了提鲜；加老酒，是让酒与鸡肉产生酯化反应，让鸡肉更香。我倒不主张给鸡去骨。这道菜的香味都是挥发性的，吃这道菜时应该将砂锅连盖一起端上来，揭开盖时芳香扑鼻，大家动手把鸡肉撕开吃这才过瘾，在厨房里给鸡去骨，再摆好造型，鸡肉凉了不说，香味都跑掉了。当然了，你也可以理解为被"神仙"享用了。

袁枚说这道菜是"蒋御史家法也"。这个蒋御史，就是袁枚的好朋友、官至湖广道监察御史的蒋和宁，字用安（用庵），号耦渔，阳湖（今江苏常州市）人。蒋和宁比袁枚大七岁，乾隆十七年（1752）才中进士，比袁枚晚了十三年，与袁枚一样，他的进士考试成绩不错，成功入选庶吉士，授翰林院编修。

进士考试名列前茅的，有资格入庶常馆深造，毕业称散馆，考试合格的会留在中央政府任职，不合格的就分到地方做官。袁枚就因为满文不合格，于乾隆七年（1742年）二十七岁时到江苏沭阳县当县令。据《随园诗话》卷十六·六〇，那个时候蒋和宁还是一个秀才，送给袁枚《沁园春》两首词，其中一首说：

> 一代词场，谁则如君，历落多姿。每奋衣而起，词都滚滚；酒酣以往，语更霏霏。随意判花，闲情顾曲，赢得三生杜牧之。今行矣，剩东涂西抹，付并州儿。城南频岁栖迟，笑末坐偏容平子知。记绛纱剪烛，纵横商略；平台啜茗，次第敲推。侬本阿蒙，君将南去，肯向缁尘恋染衣？须记取，待杏花春雨，予亦遄归。

大意是吹捧袁枚的诗词写得好，如杜牧再世，最后两句，说等到江南杏花开春雨到，他也会追随袁枚回到江南。

蒋和宁可不是随便说说，他的仕途虽然起步比袁枚晚，但起点比袁枚高，做过湖广道监察御史，又充贵州乡试正考官，官至侍读学士，但后来因丁母忧回家，也就干脆步袁枚后尘，辞官不出了，以奖掖后辈为任。他的诗写得很好，除了袁枚对他称赞有加外，被乾隆皇帝称赞有才的法式善也称其诗"皆能以工练出之，不作凡响"。

蒋和宁的生活态度和袁枚可谓"臭味相投"，两人也都喜欢美食，袁枚在《子不语》卷十二就专门记载蒋和宁贪吃的故事，读后一定令你大笑不已：

> 常州蒋用庵御史，与四友同饮于徐兆潢家。徐精饮馔，烹河豚尤佳。因置酒请六客同食河豚。六客虽贪河豚味美，各举箸大啖，而心不能无疑。忽一客张姓者斗然倒地，口吐白沫，噤不能声。主人与群客皆以为中河豚毒矣，速购粪清灌之。张犹未醒。五人大惧，皆曰："宁可服药于毒未发之前。"乃各饮粪清一杯。良久，张竟苏醒，群客告以解救之事。张曰："小弟向有羊儿疯之疾，不时举发，非中河豚毒也。"于是五人深悔无故而尝粪，且嗽且呕，狂笑不止。

古人冒死吃河豚，一旦中毒，就吃"粪清"即大便水催吐。说蒋和宁和另外四人到徐兆潢家吃河豚，吃着吃着，一张姓客人忽然倒地，口吐白沫，众人以为他是河豚中毒，于是灌了他粪清，为了预防，其他人也喝了粪清。不一会儿，张姓客人醒来，说自己有发癫痫之疾，并非河豚中毒，其他人听了后悔不已，边呕边笑。

爱好如此一致，互相调侃也是常有。《随园诗话》卷九·三二载：

余初意庆六旬，欲仿康对山集名妓百人，唱《百年歌》；而不料称觞之日，仅得五人。御史蒋用庵同席后，将往杭州，留诗见赠云："喜是寻芳到未迟，唐昌观里正花时。芝兰九畹春如许，却让芝房第一枝。"

说的是袁枚在六十大寿时，想效仿明朝状元康海，举办一场百妓祝寿宴，向封建道学来个大大的示威。遗憾的是，真正到了寿诞之日，只来了五位佳丽，被前来祝寿的御史蒋和宁调侃了一番。如此铁的关系，对于如何做童子鸡，当然和盘托出。

袁枚的一生，诗文俱佳，吃喝玩乐，活色生香，这些我们大部分学不来，但这道蒋鸡，货真价实，学起来也不难。

食蒋鸡

蒋侍郎豆腐

细数袁枚在《随园食单》里记录的三百多道菜，他老人家最喜欢的应该是豆腐。这不仅因为他一口气列出了八道豆腐的菜和具体做法，给予豆腐足够的篇幅，还因他常常拿豆腐说理，比如在"戒单"中说：

何为耳餐？耳餐者，务名之谓也。贪贵物之名，夸敬客之意，是以耳餐，非口餐也。不知豆腐得味，远胜燕窝。海菜不佳，不如蔬笋。

他认为豆腐做得好，比燕窝还好吃。说明招待客人的食物不应该以贵为美，也说明豆腐做的菜里他最爱的是这道苏帮菜"蒋侍郎豆腐"：

豆腐两面去皮，每块切成十六片，晾干。用猪油熬，青烟起才下豆腐，略洒盐花一撮，翻身后，用好甜酒一茶杯、大虾米一百二十个（如无大虾米，用小虾米三百个，先将虾米滚泡一个时辰）、秋油一小杯，再滚一回，加糖一撮，再滚一回，用细葱半寸许长，一百二十段，缓缓起锅。

袁枚很详细地介绍了这道菜的各种用料、分量和做法，比如切豆腐要切掉两边的皮，晾干；虾米要先用热水泡发两个小时；热锅后再下猪油，冒烟的时候再放豆腐下去煎，放点盐再翻面继续煎；加甜酒、泡发好的虾米、酱油后，略煮一会儿，再加糖少许，接着再煮一会儿，起锅前加葱段；起锅装碟，动作要慢，注意别把豆腐弄碎了。

做这道菜还有几个细节要注意，一是豆腐要两面去皮，这是为了让豆腐更嫩，在袁枚看来，豆腐也是"脸皮厚"的角色，解决方案是让它"不要脸"；二是豆腐切好后要晾干，这一步是为了煎豆腐时不溅油，也为了防止煎豆腐时粘锅；三是煎豆腐要用猪油，这是袁枚的用油原则，在"搭配须知"里他就说"炒荤菜，用素油，炒素菜，用荤油是也"；四是煎豆腐前锅要够热，要等到猪油冒烟再放入豆腐。我们知道，猪油的烟点是一百九十七摄氏度，把猪油的温度升至这个界点，目的是防止豆腐粘锅，高温让豆腐表面的蛋白质迅速变性凝固，很快形成一层干膜，有利于防止蛋白质与铁锅粘连，晾干豆腐也是考虑到这一点——豆腐表层水分太多的话会让其温度降低，不利于蛋白质凝固；五是翻面煎豆腐前要放盐，这一步不仅是给豆腐调味，更重要的是防止煎豆腐粘锅。别看锅底滑溜溜的，显微镜下看是一个个小洞，煎东西时粘锅，就是蛋白质或淀粉掉到这些肉眼看不到的小洞里，而煎豆腐时放盐，就是堵住这些小洞，让盐把豆腐托起来，减少了豆腐与铁锅直接接触，这样就不容易粘锅了。不过，我怀疑袁枚此处表达错了，他说先煎一面再放盐，再翻转一面煎，正确做法应该是先放盐再放豆腐下去煎。

这道菜虾米用量极大，上碟的时候虾米估计会被弃之不吃，如此这般做出来的虾米煎豆腐，外焦里嫩，鲜香齐备，肯定好吃。

袁枚如此详细地介绍这道豆腐菜，对豆腐的热爱可见一斑。其实，他对这道菜可是付出了真情的，为了这道菜，他向这道菜的主人蒋侍郎"三折腰"，方求得具体配方和做法，此事见《随园诗话》卷十三·七十九：

> 蒋戟门观察招饮，珍羞罗列，忽问余："曾吃我手制豆腐乎？"曰："未也。"公即着犊鼻裙，亲赴厨下，良久擎出，果一切盘餐尽废，因求公赐烹饪法，公命向上三揖，如其言，始口授方，归家试作，宾客咸夸。毛俟园广文调余云："珍味群推郇令庖，黎祈尤似易牙调。谁知解组陶元亮，为此曾经三折腰。"

古代文人皆以陶渊明"不为五斗米折腰"为做人的至高境界，袁枚却演绎了一出为豆腐而三折腰的佳话。

袁枚是十分尊重菜品的"知识产权"的，菜是向谁家学的，他讲得清清楚楚，不像今天有些厨师，把抄袭当原创，还无耻地到处吹。为袁枚亲自下厨做这道菜的蒋侍郎，名赐棨，字戟门，江苏常熟人，出身常熟蒋氏望族，祖父蒋廷锡、父蒋溥均官至大学士，其兄蒋檙，进士出身，自编修累迁兵部侍郎。在如此显赫的家庭长大，蒋赐棨虽然非进士出身，但也不妨碍他在官场上飞黄腾达，乾隆二十一年（1756），他以贡生捐云南楚雄府知府，三年后改云南府知府，后先后升任江西饶广九南道、江安督粮道、两淮盐运使、山东盐运使、仓场侍郎、户部右侍郎兼管钱法堂事。袁枚写《随园食单》时，蒋赐棨已官至侍郎，所以取名"蒋侍郎豆腐"，但正文对蒋赐棨的称呼是"蒋戟门观察"，这是怎么回事呢？清代官制并无观察使之职，但官场习惯将道员雅称为观察大人。蒋赐棨曾担任江安督粮道，负责督办江宁府到安庆府一带的粮务，袁枚三折腰学习"蒋侍郎豆腐"，应该就是这个时候。

为这段佳话调侃赋诗的"毛俟园广文"，是袁枚的好朋友——常与他诗词唱和、被袁枚誉为"才情过人"的江苏盱眙人毛藻，字俟园，他是上元（今江苏南京市江宁区）儒学教官，"广文"是对儒学教官的称呼。毛俟园此诗用典甚多，我们需要掉会儿书袋才可明白他们说的是什么。

首句中"郇令庖"指唐朝韦陟家的厨师，韦陟袭封郇国公，《新唐书·韦陟传》说他"性侈纵，穷治馔羞，厨中多美味佳肴"。次句"黎祈尤似易牙调"中"黎祈"指的就是豆腐，陆游《剑南诗稿》五六卷《邻曲》有："拭盘堆连展，洗釜煮黎祁。"陆游自注"黎祁，蜀人以名豆腐"。因为是记音，所以后来又有人写作"黎祈"或者"来其"。后面两句中陶元亮就是陶渊明，《晋书·陶潜传》："潜叹曰：'吾不能为五斗米折腰，拳拳事乡里小人邪！'"以陶渊明不为利禄所动，调侃袁枚为了得到"蒋侍郎豆腐"真传，竟然愿意答应蒋侍郎的要求，向他弯腰行礼三次。

为袁枚亲自下厨的蒋赐棨，此时官至从二品的侍郎，竟"着犊鼻裙，亲赴厨下"，这是顶级吃货之间的惺惺相惜。这人不仅喜欢钻研厨艺，也很善钻营，从捐官走上仕途，一路高挂，后来的职位都是肥缺，这为锦衣玉食的生活创造了必要的物质条件。不过，成也萧何败也萧何，此人最后又败在太会钻营上，他后来巴结上大贪官和珅，好处没捞着，和珅倒台前，蒋赐棨因事获罪，被降为光禄寺卿，和珅也没为他说话；和珅倒台后，他因巴结和珅而被夺官，嘉庆帝令其以世职守护乾隆帝裕陵，没过几年就死了，连嘉庆皇帝的老师朱珪都为他惋惜："使戟门不趋和相，自守家范，其侍郎固在也。今周旋若此，乃终未能改一官阶，徒自减其身价，甚无谓也。"

还是袁枚看得透，早早地辞官不干，研究起诗词歌赋，吃吃喝喝。这个豆腐里面，可是充满着人生智慧啊！

杨中丞豆腐

袁枚《随园食单》里的三百二十六道菜，是他四十年美食江湖的总结，按他自己的说法，"每食于某氏而饱，必使家厨往彼灶觚，执弟子之礼"，如此不耻下问，终成美食大家。

《随园食单》里记录的美食，言简意赅，短则十几字，长则几十字，就把一道菜讲完，惜字如金，但这道"鳆鱼豆腐"，他却讲了两次。当时称鲍鱼为"鳆鱼"，也许是这道菜中的鲍鱼和豆腐都做得绝妙，让他老人家爱不释手，所以才反复念及。第一次出现是在"海鲜单"里的"鳆鱼"条目：

鳆鱼炒薄片甚佳，杨中丞家削片入鸡汤豆腐中，号称"鳆鱼豆腐"。上加陈糟油浇之。

"杂素菜单"里的一道"杨中丞豆腐"，讲得更详细些：

> 用嫩豆腐煮去豆气，入鸡汤，同鳆鱼片滚数刻，加糟油、香蕈起锅。鸡汁须浓，鱼片要薄。

做法大概是：先将鲍鱼切薄片；再将嫩豆腐焯水去豆腥；接着用浓鸡汤与焯过水的豆腐、鲍鱼片焖煮，水开后再滚片刻，加陈糟油和香菇，起锅。

貌似简单，其实复杂得很，这道菜有几个关键点。一是嫩豆腐要先焯水去豆腥味。豆腥味主要是由于大豆在粉碎加工的过程中，自身的脂肪氧化酶遇到空气被唤醒激活，将其中的部分多不饱和脂肪酸氧化，再降解为醛、酮类等小分子化合物，这些小分子化合物沸点不高且溶于水，简单焯一下水后，这些小分子化合物基本也就去掉大部分了；二是要先煲出鸡汤，至于用何种鸡煲鸡汤，他在"选用须知"中说了，"蒸鸡用雌鸡，煨鸡用骟鸡，取鸡汁用老鸡"。

更为关键的是鲍鱼要切成薄片，焖煮时水开后再滚一阵就行。我们吃鲍鱼，吃的是鲍鱼的软体部分，即一个宽大扁平的肉足，鲍鱼就是靠着这肉足和平展的跖面吸附于岩石上，爬行于礁坪和穴洞之间。鲍鱼肉足的附着力相当惊人，一个壳长十五厘米的鲍鱼，肉足的吸附力高达二百公斤，任凭风吹浪打，都不能把它掀翻。这个力大无比的肉足，由纵横交错的结缔组织构成，主要成分是胶原蛋白，其肉质之坚韧，也就可想而知了。动物胶原蛋白在五十度左右变性，肉质变软，但如果继续加热，它又会变硬，要再让它变软，必须经过长时间的炖煮。鲍鱼由纵横交错的胶原蛋白组成，换句话说，经过加热，外层的胶原蛋白的温度超过五十度，开始变性变软，里层的胶原蛋白由于热量还没传导到位，依然坚如磐石。当里层的胶原蛋白超过五十度，外层的胶原蛋白却因为温度过高而重新变硬。所以，烹饪鲜鲍，先切成薄片在烧开的鸡汤中焯几秒，都是为了控制合适的温度，让鲍鱼均匀受热。袁枚说让鲍鱼片与豆腐一起在烧开的鸡汤中"滚数刻"，再放香菇，这并不是最好的方法，应该是先放豆腐和香菇"滚数刻"，调好味后再放鲍鱼片，且马上熄火，用鸡汤的余温把鲍鱼片汆熟，这样做出来的鲍鱼片才又鲜又嫩。

袁枚说的陈糟油，也很有讲究。糟油是在甜酒糟中加入丁香、月桂、玉果、茴香、玉竹、香菇、白芷、陈皮、甘草、花椒、麦曲等辅料，让其继续发酵，发酵时间越长，风味物质越多，香味也越浓郁，所以袁枚强调要用"陈糟油"。糟油为江苏太仓特产，始创于清乾隆年间，创始人是酿酒商李梧江，先在江浙一带流行再逐步外传，太仓出产的最为出名，因为这里空气中的微生物最适合糟油风味的产生和累积。这道菜是典型的苏帮菜，糟油的应用就是最好的证据。

鲍鱼和豆腐的组合，即便放在今天，也是罕见，主要是一贵一贱，通常不会想到把它们放在一起。在袁枚生活的时代，鲍鱼还未实现人工养殖，名贵得很，夏曾传在《随园食单补证》里对鲍鱼和豆腐的组合，打了个比方："设有一富家儿，一寒儒，一则乘舆赴宴，一则提篮买菜，两人相遇若无睹也。一朝入闱应试，同一号舍，题纸既下，题极艰难，富家儿彳亍风檐，方思索破题而不得，瞥见寒儒已将脱稿，于是乞而观之，并且出重价而购之，则寒儒可以有才，而富家儿亦有文矣。知乎？此乃鳆鱼滚豆腐之妙。"他把鲍鱼比为不会作文的富家儿，把豆腐比为善文的寒儒，将鲍鱼滚豆腐比为两人在考场作弊，富家儿出重金买下寒儒的试卷，结果是双方各自获益。夏曾传屡试不中，清末科考作弊也很严重，所以他有此感悟，但鲍鱼和豆腐这两个清淡之物组合在一起要出效果，其中的关键其实是浓鸡汁和陈糟油。

这又不得不提到袁枚与杨中丞之间的关系。《随园食单》里不乏达官显贵，这些人请袁枚吃饭，遇到喜欢的菜，袁枚都会"问其方略，集而存之"。在这里面，"杨中丞"出现最多，除了这道"杨中丞豆腐"，还有"羽族单"里的"焦鸡"，袁枚明确指出"此杨中丞家法也。方辅兄家亦好"。此外，"点心单"里还有"杨中丞西洋饼"，也是出自杨中丞家，这个"杨中丞"家的厨师确实十分了得。

中丞一职，始于汉代，当时御史大夫下设两丞，一称御史丞，一称御史中丞。东汉以来，御史大夫转为大司空，以御史中丞为御史台长官。唐、宋两代虽然设御史大夫，也往往缺位，而以中丞代行其职。明代改御史台为都察院，都察院的副职都御史相当于前代的御史中丞。明、清两代常以副都御史或佥都御史出任巡抚，清代各省巡抚例兼右都御史衔，因此，明、清巡抚也称中丞。

有推测这"杨中丞"为与袁枚有交往的浙江巡抚杨廷璋，我认为这不可能。杨廷璋在乾隆二十一年（1756），被授为浙江巡抚，但乾隆二十四年（1759）就被授闽浙总督，后来更加授太子太保、体仁阁大学士，袁枚出版《随园食单》时，他早已作古，袁枚对官员的称谓，只往其高的职务叫，不可能选巡抚这一低职位叫。

更大的可能是袁枚的好朋友杨潮观，字宏度，号笠湖，江苏无锡人。袁枚与其相识于乾隆元年（1736），当时袁枚进京参加博学鸿词科考试，杨潮观中了新科举人到京旅游，两个二十多岁的年轻人在京相遇，自此结下了一段很深的情谊。两人志趣相投，袁枚喜诗词，杨潮观善戏曲，也都喜欢美食，在宦海沉浮时，两人声气相通，互相鼓励；袁枚准备辞官时，杨潮观时任邛州知府，"在邛州特寄金三百，属置宅金陵，将傍余以终老"，需知袁枚当时买下江宁织造隋赫德留下的随园，也才花了三百金；辞官后的袁枚有几次去找杨潮观玩，说杨潮观"闻余至必喜"；杨潮观有一回出公差，特地转道金陵来会老友，袁枚激动地写了一首诗《喜杨九宏度从邛州来，即事有作》，说"蔗味老弥甘，交情久更挚，不信扪胸中，三十六年事"。也是这回，袁枚让宝贝女儿阿能认杨潮观做干爹，并将其寄养在杨潮观家里。两人如此深的交情，交流美食心得时，当然和盘托出。杨潮观虽为知府，比巡抚"中丞"还差一级，但翻看《随园食单》和《随园诗话》，把官员往高一级职位叫，并不少见，比如袁枚称肇庆府高要县县令杨兰坡为"明府"，明府是汉代人对太守的尊称，比县令高一级，看来用前朝官职往高尊称官员，是袁枚所处时代的习俗。

说回袁枚与杨潮观，关系好到这个程度，算难得吧？但就是这样的朋友，友谊的"小船"说翻就翻。事因杨潮观曾向袁枚讲了一个梦，说他有次主持考试，阅卷前"梦有女子年三十许，淡妆，面目疏秀，短身，青绀裙，乌巾束额，如江南人仪态"，梦中这位美女"揭帐低语"，

"拜托使君,《桂花香》一卷,千万留心相助"。杨潮观阅卷时真就发现有一老贡生作了《桂花香》,文笔还可以,想到女子梦中相托,于是就把他录取了。杨潮观认为"疑女子来托者,即李香君"。这一朋友间的闲聊,被袁枚写进"广采游心骇耳之事,妄言妄听,记而存之"的短篇小说集《子不语》中。

在袁枚眼中,这是趣事一桩,于是大书特书。《子不语》写成后,他还寄给老朋友讨彩,没想到,却讨了个没趣。杨潮观见后大发脾气,去信袁枚,说:"所称李香君者,乃当时侯朝宗之婊子也。就见活香君,有何荣?有何幸?有何可夸?弟平生非不好色,独不好婊子之色,'名妓'二字,尤所厌闻……不知有何开罪阁下之处,乃于笔尖侮弄如此?似此乃佻达下流,弟虽不肖,尚不至此。"

袁枚觉得是趣事,杨潮观觉得是丑事,矛盾就是这么来的。这事本是小事,若不高兴,把文章删了就是,即便是印刷出来了,毁了也不值几个钱,可杨潮观来了这样一封不客气的信。袁枚收到信后估计心情也不怎么样,于是气冲脑门回信三千余字,说阁下艳梦之事,"亦君所说,非我臆造",你现在不准我说,恐怕是:"目下日暮穷途,时时为身后之行述墓铭起见,故想讳隐其前说耶?"大意是"你怕是快要死了,要墓志铭好看,所以要隐去前面跟我说的话吧?"诅咒都出来了,又继续挖苦杨潮观:"伪名儒,不如真名妓!"将杨潮观骂了个痛快,自此两人可谓互相"拉黑",互不往来。

杨潮观名气虽没有袁枚大,但官声极好,还是著名的戏曲家,两位文坛老人,惺惺相惜这么多年,却因一个梦而交恶,太可惜了。杨潮观去世后，袁枚后悔了，受杨潮观子女之托，给老朋友做了《邛州知州杨君笠湖传》，对自己的行为有所检讨："君与余为总角交，性情绝不相似。余狂，君狷；余疏俊，君笃诚。"这个检讨虽然来得晚了些，但总比没有可能好些。

《论语》里有"父为子隐，子为父隐，直在其中矣"，朋友之间交往，也当"亲亲互隐"，不该说的事，有可能影响朋友名誉和前途的事，或者朋友介意的事，打死也不能说。这个道理袁枚也是懂的，他在《随园诗话》中就说："凡人各有得力处，各有乖谬处，总要平心静气，存其是而去其非。"道理谁都懂，但却不易做到，袁枚这个"大嘴巴"就是这样。

嘴大吃四方，嘴大也惹事，不如好好吃鲍鱼滚鸡汤豆腐。

王太守豆腐

袁枚笔下的九道豆腐，有六道是有名有姓的。看来当时的豆腐，既是平民的吃食，也很受达官贵人们青睐，区别只是讲究的程度不同。这些达官显贵包括蒋侍郎、杨中丞、张恺、庆元、程立万，但论其来历，都不如这道"王太守八宝豆腐"显赫。因为这道菜是康熙皇帝御赐的，我们先来看这道菜怎么做：

用嫩片切粉碎，加香蕈屑、蘑菇屑、松子仁屑、瓜子仁屑、鸡屑、火腿屑，同入浓鸡汁中，炒滚起锅。用腐脑亦可，用瓢不用箸。

做法倒是简单，就是用料复杂得令人眼花缭乱：主角是嫩豆腐，要切得粉碎，配角有香菇末、鲜蘑菇末、松子仁末、瓜子仁末、鸡肉末和火腿末，一起放进浓鸡汤中，煮沸了起锅。此菜用豆腐脑制作也可以，袁枚特别强调，吃的时候用勺而不是筷子。这番强调似乎显得多余了，既然所有食材都切成末，正常人都会想到用勺子而非筷子！

倒是有一点我怀疑袁枚没讲清楚，松子仁和瓜子仁应该是先炒香再弄碎成末，这是因为松子仁和瓜子仁必须先经过炒制或烘烤，外层的蛋白质和糖才会发生反应，形成吡嗪、醛类、呋喃、醇类等化合物，这些是香味的来源，其中对风味贡献最大的是坚果味的吡嗪和类似于烤肉风味的2-呋喃甲硫醇，此外还有如面包、杏仁风味的糠醛，青草和树叶风味的己醛，不经炒制或烘烤，这些风味物质无法形成。

用料如此之多，这道豆腐的美味自不待言，最起码比我们今天往豆腐里加点肉末的"盗饭贼"麻婆豆腐好吃。对这道菜的来源，袁枚讲得很清楚：

> 孟亭太守云："此圣祖赐徐健庵尚书方也。尚书取方时，御膳房费一千两。"太守之祖楼村先生为尚书门生，故得之。

"孟亭太守"就是袁枚的好朋友王箴舆，字敬倚，号孟亭，他是康熙五十一年（1712）进士，官至卫辉府知府，所以袁枚称他为"太守"。王箴舆工诗，与袁枚交好。有《孟亭编年诗》传世。袁枚在《随园诗话》中提到他与王箴舆的交往：

> 宝应王孟亭太守，为楼村先生之孙。丁卯，见访江宁。携胡

床坐门外，俟主人请见乃已，遂相得甚欢。聘修江宁志书，朝夕过从。尝言楼村先生教人作诗，以"三山"为师：一香山、一义山、一遗山也。有从子嵩高，字少林，少年倜傥，论诗不服乃伯，而服随园。

从这段文字中可以看出袁枚对王箴舆的推崇，他聘退休的王箴舆修江宁（今江苏南京市）志。王箴舆年纪大了，带着"胡床"在随园门外等袁枚接见，胡床是古代一种可以折叠的轻便坐具，可见王箴舆之彬彬有礼。他们时常一起论诗，两人水平谁高谁低？袁枚认为：论诗词，王箴舆的侄子不服他伯父，却只服我袁枚！这道"王太守豆腐"不是王太守发明的，而是来自他的祖父、清康熙癸未年（1703）状元王式丹王楼村。王楼村本来也不会这道菜，是他的老师、康熙朝刑部尚书徐健庵徐乾学传给他的，而徐健庵学得这道菜，又是他退休时康熙皇帝赐给他的配方，他在奉旨到御膳房取豆腐方时，还被御厨敲去了一千两银子。这道菜的来源和做法，应该就是在王箴舆被袁枚请到南京修志论诗聊美食时聊出来的。但这会不会是王箴舆在自吹呢？

我认为不会，理由有三：首先，徐健庵是康熙宠臣，获赐豆腐方子是可能的。徐乾学号健庵，康熙九年（1670）庚戌一甲进士第三名，就是俗称的探花，他一生官运亨通，这得益于康熙对他学识的欣赏。康熙二十四年（1685），徐乾学在翰林詹事大考中脱颖而出，成绩被列为一等，获皇帝褒奖赏赐，并升为内阁学士，在南书房值班，即在康熙皇帝身边工作。康熙把重大的编纂工作都交给了他，如出任《大清会典》《大清一统志》副总裁，教习庶吉士，为庶吉士编纂一部《教习堂条约》，此书后来收入《学海类编》。徐健庵还主持诠释康熙帝钦定的《古文渊鉴》，全书六十四卷；任《明史》总裁官，官至翰林院侍讲学士、刑部尚书。康熙二十七年（1688），湖广巡抚张汧贪污案爆发，张汧被逮捕问罪时，供出曾向徐乾学行贿，但康熙皇帝示意不要追究徐乾学，这事便不了了之。但许三礼劾"既无好事业，焉有好文章，应逐出史馆，以示远奸"，徐乾学见势头不妙，于是上疏请"放归田里"，康熙皇帝只得准徐乾学退休，但仍让他携书局回老家编辑，随行有阎若璩、顾祖禹、胡渭与黄虞稷，致力于《大清一统志》编修，又仿司马光《资治通鉴》体例，与万斯同、阎若璩、胡渭等排比正史、参考诸书，纂成《资治通鉴后编》一百八十四卷。康熙皇帝如此厚待徐乾学，退休时特赐"光芒万丈"的榜额，这些都有史料证明。基于上述皇帝恩宠，顺便赏他一道豆腐吃，也是极有可能的。

理由二，徐乾学门生众多，且善于利用门生达到其政治目的，因而将八宝豆腐方子传给门生之一的王楼村也是可能的。徐乾学深得康熙信宠，但人品欠佳，觊觎禄位，先是阿谀权贵明珠，后又与索额图、熊赐履勾结，反对明珠，还指使其门生郭琇弹劾明珠。史载其"登高而呼，衡文者类无不从而附之""游其门者无不得科第"。当时的学子有的为了接近徐乾学，在他住的绳匠胡同里租房居住，每待五更时，故意大声读书给他听，以引起他的注意，结果是当时绳匠胡同的房价高出他处几倍，比今天的学区房还夸张。构建忠诚的师生关系，是徐乾学的政治手腕之一，将皇帝御赐的豆腐方子传于学生，这既不违规，也显师恩浩大。

理由三，康熙皇帝类似的赐豆腐方子于老宠臣，确有其事。当过江苏巡抚的宋荦，被康熙誉为"清廉为天下巡抚第一"，因接待康熙三次下江南有功，获康熙皇帝亲书"仁惠诚民""怀抱清朗"。除此之外，还获赐过豆腐。他在《西陂类稿》中满怀深情地回忆，当年康熙南巡时曾传旨："朕有日用豆腐一品，味异寻常，因宋巡抚是有年纪的人，可令御厨太监传授与巡抚厨子，为后半世享用。"既然赐给过宋荦，也更有可能赐给过徐乾学。徐乾学致仕是在康熙二十九年（1690），而宋荦当上江苏巡抚是在两年后，接驾是在康熙三十八至四十四年（1699—1705）。论起来，徐健庵所获御赐豆腐应比宋荦早。

至于说这道菜究竟是属于苏帮菜还是属于宫廷菜，我认为都可以，这道菜虽然来自宫廷，但徐健庵得到这个豆腐方子后就回了老家昆山，后袁枚在随园实践了一番，也是在江苏地界，将这道八宝豆腐归入苏帮菜行列，没毛病。

说回这道"八宝豆腐"的重要传播者徐健庵，他一辈子在政治上苦心经营，晚年安稳退休回家修书，这样的结局让人羡慕！但这可不是他的理想，他一直在期盼被康熙重新起用，经多方活动，居然奏效。康熙三十三年（1694），喜欢修书的康熙下谕大学士推举文章学问超卓的人上来，王熙、张玉书等举荐了徐乾学、王鸿绪和高士奇，康熙帝命他们来京修书。得到消息的徐乾学做好了一切准备，只等诏命下达，即可赴京就任。得到内部消息说重阳节前数日诏命必到，于是重阳节前徐乾学每日带着门客数人，登洞庭东山，一面饮酒，一面盼着诏命。可不知什么原因，诏命迟迟未来。徐乾学内心焦急，忧思重重，没过几天就忧虑成疾，不数日即长逝，而在他死后几日诏命便到了。

徐乾学觊觎禄位之急切丑态，令人作呕，终为后世所讪笑，但撇开人品，他著作等身，康熙朝钦定官书，十之八九都是他监修总裁的，又被世人看重。当然了，还有这道豆腐。

太守豆腐

程立万豆腐

袁枚是杭州人，青年时在江苏为官，后来归隐于南京。当然，他喜欢到处游玩，离南京不太远的扬州，就是他经常到访的地方。《随园食单》里因此也就有了不少扬州美食，比如这道"程立万豆腐"：

乾隆廿三年，同金寿门在扬州程立万家食煎豆腐，精绝无双。其腐两面黄干，无丝毫卤汁，微有蚌蛤鲜味，然盘中并无蚌蛤及他杂物也。次日告查宣门，查曰："我能之！我当特请。"已而，同杭堇浦同食于查家，则上箸大笑，乃纯是鸡、雀脑为之，并非真豆腐，肥腻难耐矣。其费十倍于程，而味远不及也。惜其时，余以妹丧急归，不及向程求方。程逾年亡。至今悔之。仍存其名，以俟再访。

大意是说袁枚和金寿门在扬州盐商程立万家吃了一道煎豆腐，那真是精妙绝伦再无第二。豆腐煎得两面焦黄，没有一点点卤汁，微微带一点文蛤的味道，但实际并没有用文蛤和其他食材。第二天，袁枚把这事告诉了查宣门，查宣门说：这个容易，我也会做，哪天请你尝一尝。不久，查宣门还真约袁枚过查府尝菜。袁枚与好友杭堇浦一起来到查家，酒过三巡，菜过五味，此菜上桌，尝过后，大家哈哈大笑。原来他所谓的豆腐，全是用鸡、雀之类的脑做成，并不是真的豆腐，肥腻得使人难以下咽。这菜煞费苦心，造价也比程家豆腐高出十倍，味道却远不如程家豆腐。本来袁枚想问问程立万他家的豆腐是怎么做的，但碰巧有人捎话给袁枚，说他的妹妹病危，于是袁枚急返江宁，来不及向程立万请教，而第二年程立万就去世了，留下遗憾。但袁枚还是把这道菜记了下来，希望等到后续有人知道做法时，再去拜访请教。

袁枚的遗憾，也是我们的遗憾，这道菜究竟怎么做，没有权威的说法。有人复刻了这道菜，大概是先煎熟老豆腐，再与文蛤慢火煨入味，捞起豆腐在炭火上烤干，也有人觉得这不够豪气，与土豪盐商们的做派不同，于是加了鱼翅浓汤一起煨。

我觉得做这道菜的方法可以有很多种。首先，要让豆腐有文蛤的味道，得先让豆腐的水分出来 些，文蛤的味道才可以进去。因此，可以先把老豆腐切片后用风吹几个小时，再加入用文蛤熬出的浓汤，这样文蛤的味道就进去了。接着，再把老豆腐捞出来慢火煎至两面焦黄。用这个办法，把文蛤换成蟹、虾、鱼，可以做出不同风味的煎豆腐。

袁枚在写"程立万家的豆腐"时，其实还写了另一道菜"凤凰脑子"，后一道菜的主人是查宣门；又写了两个饭搭子，分别是金寿门和杭菫浦；另外还有一个局外人——三妹袁机，这几个人都值得说道说道。

程立万是扬州的盐商，《扬州画舫录》说："烹饪之技，家庖最胜。如吴一山炒豆腐，田雁门走炸鸡，江郑堂十样猪头，汪南溪拌鲟鳇，施胖子梨丝炒肉，张四回子全羊，汪银山没骨鱼，江文密蝉螯饼，管大骨菫汤、鲝鱼糊涂，孔切庵螃蟹面，文思和尚豆腐，小山和尚马鞍乔——风味皆臻绝胜。"袁枚是盐商家的座上客，盐商程立万宴请袁枚，菜品出其不意的构思赢得了袁枚的喝彩。程家厨师身怀绝技，烹饪技法也不轻易外传，即便当时袁枚立马向程请教了这道煎豆腐的做法，估计程立万也是一通忽悠。

把鸡和雀的脑髓做成"豆腐"的查宣门，是袁枚文学爱好上的朋友查开。据《海宁州志稿》卷十三《典籍十》："查开，字宣门，号香雨。由诸生官河南中牟县丞，擢武陟知县，晚居魏塘。"《随园诗话》卷四·七六载："余宰江宁时，查宣门居士开赠《蔗塘诗》一集，盖其族人心谷先生为仁所作。"此次宴饮时，查开已经辞官多年，听袁枚说程立万家的豆腐如何神秘，于是让家厨也露一手。他们家的这道"凤凰脑子"，据说是从京城大内御膳房寻来，但查宣门家也只学了些皮毛，并未得到此菜的精髓。查宣门满腔热情，很想露一手，可惜用力过猛，不过也因此入了袁枚的吃货名录。

与袁枚一起吃程立万家豆腐的饭搭子金寿门，就是"扬州八怪"之一的金农。他比袁枚大二十九岁，因历经康熙、雍正、乾隆三朝，所以自封"三朝老民"的闲号，钱塘（今浙江杭州）人。他跟袁枚是老乡，还一同参加了乾隆元年的博学鸿词科，两人应是在这一年认识的。金农屡试不中，但学问渊博，浏览名迹众多，又有深厚的书法和绘画功底，终成一代名家。在衰迈之年，客居扬州卖画为生。金农的一生，大半在坎坷中度过，有时"岁得千金，亦随手散去"。在困苦时不得不靠贩古董、抄佛经甚至刻砚来获取收入。

袁枚对金农的诗十分欣赏，《随园诗话》卷九·一九载："余爱诵金寿门'故人笑比庭中树，一日秋风一日疏'之句。"杭堇浦曰："此句本唐人高蟾：'君恩秋后叶，一日一回疏。'不足为寿门奇。寿门佳句，如：'佛烟聚处都成塔，林雨吹来半杂花。'《咏苔》云：'细雨偏三月，无人又一年。'乃真独造。"袁枚认为学习、借鉴前人的诗句并在此基础上出新，是创作的常见手法，他也欣赏金农善于巧妙地运用他人字句为自己的创作锦上添花。《随园诗话》卷七·五十八载："金寿门画杏花一枝，题云：'香飐红雨上林街，墙内枝从墙外开。惟有杏花真得意，三年又见状元来。'"他又引用苏东坡的"赋诗必此诗，定知非诗人"，认为作诗之妙处总是在旁见侧出中显露主题，对金农咏杏花而联想到状元的思维之广阔大为赞赏。

金农是个狂傲之人，袁枚也有自己的性情，两人有时会有些小摩擦。金农曾请袁枚在金陵帮忙售卖他制作的画灯，而袁枚却以一封"奈金陵人但知食鸭脯耳，白日昭昭，尚不知画为何物，况长夜之悠悠呼……"的书信婉拒。为何会这样？这几乎是桩历史公案，袁枚的《小仓山房诗集》和清人蒋宝龄的《墨林今话》中，都认为金农是个不会营生的人，说金农"蓄一洋狗名阿鹊，每食必投肉饙饲之"，"卖文所得，岁计千金，随手散去"，"饥来得钱亦复卖，饱则千金不肯易"，可能觉得这人帮不了。乾隆二十年（1755），借园主人李方膺邀请金农、袁枚、沈凤三人于借园雅集，聊起读书的话题，袁枚借着酒兴自诩为席间读书最多、思悟最深之人，这引起了金农的不悦，以一句"君藏书在椟，我与佛同龛"回击，意思是你袁枚不过是个书簏子，我才是无所不知、无所不能的佛。袁枚被金农的狂妄气得不行，但碍于其他人在场，又不得发作，于是胡乱找个理由退席。日后，他一旦逮着机会，就在文章中骂金农是"野狐禅"。

袁枚与金农这次做饭搭子，是在两人前述摩擦之后，看来这些"过节"被后人放大来读了。有才情的人往往有个性，两个都有个性、互不迁就的人不闹翻就已经算不错了。袁枚写《随园食单》时，金农已经去世多年，袁枚仍将他作为饭搭子写进来，足见两人的友谊并没有外界传说的那般具有冲突性。

与袁枚一同品尝查宣门"凤凰脑子"的饭搭子是杭世骏，字大宗，号董浦，仁和（今浙江杭州市）人，雍正年间举人，乾隆元年他与袁枚一同召试鸿博，袁枚没考上，杭世骏则被录为一等，授为编修，校勘武英殿十三经、二十四史，纂修《三礼义疏》，后又自号"秦亭老民"。他博闻强记，经史词章无不贯通。史载，杭世骏也是一个"怪人"，乾隆八年（1743），久旱无雨，乾隆帝循例下诏求直言，杭世骏傻乎乎地以为当今皇上纳谏入流，于是贸然上了一篇洋洋洒洒数千字的《时务策》，指责朝廷用人多用满人少用汉人。这触及了"满汉畛域"这个最忌讳的问题。乾隆皇帝勃然大怒，斥其"怀私妄奏"，交刑部议处死刑，刑部尚书徐本极力为杭世骏求情，称杭"是狂生，当其为诸生时，放言高论久矣"，意思是这人就是一个神经病，皇上您别跟他计较，并不停叩头，最后杭世骏免除死刑、被革职回乡。罢归之初，杭世骏要么闭门不出、避人如仇，要么踟蹰在离家不远的吴山幽径中，有时他在大街上会目无旁人地大声吟唱诗句。乾隆南巡到杭州，杭世骏也参与迎驾，乾隆见了他问道："你靠什么生活？"杭答："臣世骏开旧货摊。"皇帝不懂，问道："什么叫开旧货摊？"杭解释道："把买来的破铜烂铁陈列在地上卖掉。"皇帝听了大笑，写了"买卖破铜烂铁"六个大字赐予他。于是他在闹市摆了一个地摊，布招大书"奉旨收卖废铜烂铁"，成一大景观。这个天下收破烂的"祖师爷"于乾隆十六年（1751）得以平反，官复原职，晚年主讲广东粤秀和江苏扬州两书院。

杭世骏学问好，性格怪异，他做袁枚的饭搭子时虽已官复原职，但也只是个修史闲人，与散淡的袁枚倒是挺合得来。

程立万家的豆腐这道菜还有一个局外人，就是袁枚的三妹袁机。袁枚此次扬州之行本来想多住些日子，但有人捎话来说三妹袁机病危，袁枚预感不祥，急返江宁，在妹妹逝去几小时后才赶到家中。袁枚从小与三妹一起长大，兄妹两人感情十分深厚，袁机去世后，袁枚作《祭妹文》《女弟素文传》，从中可知这是个被封建婚姻耽误了的才女，只能说老袁家的基因和家教都不错，人才辈出。

一道菜，袁枚写了五个人。有人指责袁枚的《随园食单》总是拉名人为他作铺垫。但他写的这五个人在当时可不怎么有名，有怪有惨，袁枚照录不误，尤其是程立万，没有袁枚的《随园食单》，他如何扬名立万？

汤西厓猪肺

袁枚在《随园食单》里讲美食，名贵不是他的偏好，精巧、用心才是，连那个时候的"边角料"——猪肺，他也讲得头头是道，有"猪肺二法"：

洗肺最难，以洌尽肺管血水，剔去包衣为第一着。敲之、仆之、挂之、倒之，抽管割膜，工夫最细。用酒水滚一日一夜，肺缩小如一片白芙蓉，浮于汤面，再加作料，上口如泥。汤西厓少宰宴客，每碗四片，已用四肺矣。近人无此工夫，只得将肺拆碎，入鸡汤煨烂，亦佳。得野鸡汤更妙，以清配清故也，用好火腿煨亦可。

从古至今，大家吃猪肺，主要是秉持着朴素的"以形补形"的想法，《本草纲目》就说猪肺"疗肺虚咳嗽、嗽血"，但猪肺因难洗净一直为人所诟病。比袁枚稍晚的医学家王士雄在他的食疗养生著作《随息居饮食谱》中介绍猪肺的"功效"时也实事求是地说："猪之脏腑，不过为各病引经之用，平人不必食之。不但肠胃垢秽可憎，而肺多涎沫，心有死血，治净匪易，烹煮亦难。"

对于王士雄说猪肺"治净匪易"，袁枚提供了具体的办法，包括通过敲、打、挂、倒等，尽可能去掉肺管里的血水；还要剔除"包衣"，就是包在猪肺外面的一层胸膜；"抽管"，即去除猪肺里的气管与支气管。现在我们清洗猪肺的步骤大概是：先将猪肺气管对着水龙头灌水，待肺膨胀后将灌进去的水通过小气管使劲挤出来，重复几次；接着，将猪肺切片，放少许面粉和水后反复揉搓，将猪肺上的附着物搓掉，再用清水冲洗；倒入清水淹过猪肺片，再加适量白醋浸泡十五分钟，这一步是为了去腥；最后，烧开水，放入猪肺片煮五分钟，将肺内毛细血管淤血和脏物煮出，再用清水清洗就可以了。

袁枚说的烹猪肺二法，其中"简易法"与我们今天的差不多，就是将猪肺切片后放入鸡汤或火腿汤中煮至软烂；另一个复杂的方法是将整只猪肺在加入酒的水中煮一天一夜，等到"肺缩小如一片白芙蓉，浮于汤面"，"再加作料，上口如泥"。这个方法没试过，也没吃过，此法难度不小，尤其是要给猪肺"抽管"，一整个猪肺，抽去气管容易，但支气管可是分布在肺叶里，不切开可没办法抽去。更离奇的是，他提到"汤西厓少宰宴客，每碗四片，已用四肺矣"，一碗猪肺汤就有四个完整的猪肺，这也太神奇了吧！

如此刁钻的吃法，来自汤西厓少宰家，即汤右曾，字西厓，仁和人，康熙二十七年（1688）进士，官至翰林院掌院学士、吏部侍郎。"少宰"是侍郎的别称，所以袁枚称他"汤西厓少宰"。《清史稿》载："右曾少工诗，清远鲜润。其后师事王士禛，称入室。使贵州后，风格益进，锻炼澄汰，神韵冷然。右曾朝热河行在，上命进所为诗，右曾方咏文光果，即以进上。上为和诗，有句曰'丛香密叶待诗公'，右曾自定集，遂取是诗冠首。"被康熙皇帝称为"诗公"，那是十分了不得的事，大家也就以此称之，他在清初诗坛的地位可见一斑。汤右曾擅长诗，从师于王士禛，与朱彝尊并为浙派领袖，袁枚的同年进士沈德潜说："浙中诗派前推竹垞，后推西厓。竹垞学博，每能变化；西厓才大，每能恢张。变化者较耐寻味也。后有作者，几莫越两家之外。"汤右曾不仅诗非常了得，画和书也十分厉害，他以逸笔写山水，着墨无多，却以舒展著称。书工行楷，苍劲有力又不失典雅，很像苏轼。

汤右曾去世时袁枚才六岁，两人并无交集，但这并不妨碍袁枚对他的仰慕。《随园诗话》卷十三·一九载："汤西厓少宰，幼有美人之称。其幼子名学显，戊寅见访，长身玉立，想见少宰风仪。"袁枚见到汤右曾的小儿子汤学显，就联想到汤右曾当年的仪表和风度，这是真崇拜啊！

袁枚对汤右曾的崇拜时不时流露在字里行间，《随园诗话》卷十四·四一载：

> 沈椒园太史所居烂面胡同，接叶亭汤西厓少宰之故居也。丁巳，余主其家，记其《秋夜》云："薄病闲身坐小厅，乡心三度见

流萤。水云凉到庭前树，一夜秋声带雨听。"

说的是一桩陈年旧事，乾隆元年（1736），袁枚到京参加博学鸿词科考试，名落孙山。这条捷径没了希望，只得继续走科举考试之路。他在浙江已经屡试不售，这与浙江人才辈出、内卷得厉害有关，也与袁枚不善作八股文有关。无奈，袁枚只能留在京城，准备参加两年后在京城的乡试，相当于"高考移民"，前提是交一笔费用，捐一个顺天监生的资格。于是，袁枚辗转于京城老乡、欣赏他的官员家里，或当家教，或当幕僚，其间也多有贵人相助，其中就包括同乡、一同参加博学鸿词科的沈廷芳，就是上文中的沈椒园太史。当时沈廷芳中了博学鸿词科留在翰林院，请袁枚为助手，住在烂面胡同，亦作"懒眠胡同"，后改名烂漫胡同，这里有接叶亭，之前是汤西厓宅邸。清朝工部郎中戴璐在《藤阴杂记》中说："接叶亭在烂面胡同中间，汤西崖（厓）少宰居焉。雍正时张南华鹏翀居之。乾隆丙辰，鸿博征士来京，若杭堇浦、周兰坡、申笏珊，恒集于此。丁巳（乾隆二年，1737），沈椒园侍郎寓。后为查中丞礼、祝芷塘德麟寓，稍葺治，请王蓬心宸绘图征诗，李龚堂调元八叠和韵，今归吴漪园太史裕德。"民国徐珂《清稗类钞》载："光绪中，杭人徐花农侍郎琪亦居之，颜曰'小接叶亭，乾隆有《接叶亭》《接叶亭口号》诗，更令接叶亭名播遐迩。'"接叶亭之所以出名，与汤右曾居住过有关，袁枚在京城漂泊期间有幸在此住上一段时间，所以念念不忘。

汤右曾为官公正清廉，勤于职守，河南巡抚汪灏称道他"敷教则宽严相济，取士则尽拔孤寒"。诗如其人，我们看看袁枚这首《入桃源诗》：

世外神仙界，云中鸡犬声。舍舟何路入？沿棹有人行。闻道春来水，桃花几瓣横。年年流出在，长共楚江清。

人谓其诗"得宇宙之清气，泠泠有天际真人想"，这么一个有想象力又清正廉洁的人，做出一道讲究的"猪肺汤"待客，可见"菜如其人"。汤右曾的儿子与袁枚有交集，估计用这个汤宴请过袁枚，因着对汤右曾的敬仰，袁枚把这些感情都反映在了对这个菜的称赞上。

所谓美食，不在价高物贵，而在于用心烹饪，如汤右曾般将价贱的猪肺做到极致，才令人叫绝。

中秋节的猪头

在袁枚的美食名录里，猪肺都可以有一席之地，现在广受人民群众欢迎的平民美食——猪头肉会不会也是袁枚喜欢的呢？还真是！但那时袁枚吃的还不是去骨后的猪头肉，而是整个猪头，做法在"猪头二法"中：

> 洗净五斤重者，用甜酒三斤；七八斤者，用甜酒五斤。先将猪头下锅同酒煮，下葱三十根、八角三钱，煮二百余滚；下秋油一大杯、糖一两，候熟后尝咸淡，再将秋油加减；添开水要漫过猪头一寸，上压重物，大火烧一炷香；退出大火，用文火细煨，收干以腻为度；烂后即开锅盖，迟则走油。一法，打木桶一个，中用铜帘隔开，将猪头洗净，加作料闷入桶中，用文火隔汤蒸之，猪头熟烂，而其腻垢悉从桶外流出，亦妙。

这里面其实包括了炖煮猪头和蒸猪头两种方法。首先是炖煮猪头一法：须先将猪头清洗干净，并根据猪头的重量称好甜酒的分量——五斤重的猪头使用三斤甜酒，七八斤重的猪头则使用五斤甜酒；接着，将猪头与甜酒一同煮沸，加入葱、八角等调料，煮至熟透；再加入酱油和糖调味，加开水至覆盖整个猪头，上压重物，大火烧开后转文火慢炖，直至猪头肉软烂且汤汁收干；最后，需要注意的是，肉软烂后应立即打开锅盖，以免继续加热使油脂流失。

第二种方法是蒸猪头：这需要使用木桶，在靠近木桶底部的中间用铜帘隔开，将调料和猪头放入木桶中，然后隔水蒸制。猪头在蒸制过程中，油腻部分会从木桶中间铜帘的缝隙流到底部，减少了油腻感。

这两种方法都强调了猪头肉的油腻特性，并通过不同的烹饪技巧来控制油脂的分布和口感。炖煮法可以使猪头肉更入味且油脂丰富，而蒸制法则能有效地减少油腻感，肉质更加清爽。

这两种做法，主料、配料、用量、烹饪时间、注意事项，全都交代得清清楚楚，这几乎是《随园食单》里讲得最详细的一道菜。之所以如此详细，盖因这道菜背后还有一个故事。乾隆三十三年（1768）中秋，袁枚与友人聚首、游赏、宴饮，席上就有这道菜。此次聚会袁枚还写了一篇散文，用笔极其简洁，叙述明晰而富有情趣，题目就叫《戊子中秋游记》：

佳节也，胜境也，四方之名流也，三者合，非偶然也。以不偶然之事，而偶然得之，乐也。乐过而虑其忘，则必假文字以存之，古之人皆然。

乾隆戊子中秋，姑苏唐眉岑挈其儿主随园，数烹饪之能，于臛首也尤，且曰："兹物难独啖，就办治，顾安得客？"余曰："姑置具，客来当有不速者。"已而泾邑瞿进士云九至。亡何，真州尤贡父至。又顷之，南郊陈古渔至，日犹未映。眉岑曰："予四人皆他乡，未揽金陵胜，盍小游乎？"三人者喜，纳屦起，趋趋以数，而不知眉岑之欲饥客以柔其口也。

从园南穿篱出，至小龙窝，双峰夹长溪，桃麻铺芬。一渔者来，道客登大仓山，见西南角烂银坌涌，曰："此江也。"江中帆樯如月中桂影，不可辨。沿山而东至蛤蟆石，高壤穹然。金陵全局下浮，曰谢公墩也。余久居金陵，屡见人指墩处，皆不若兹之旷且周。窃念墩不过土一抔耳，能使公有遗世想，必此是耶。就使非是，而公九原有灵，亦必不舍此而之他也。从蛾眉岭登永庆寺亭，则日已落，苍烟四生，望随园楼台，如障轻容纱，参错掩映，又如取镜照影，自喜其美。方知不从其外观之，竟不知居其中者之若何乐也。

还园，月大明，羹定酒良，臛首如泥，客皆甘而不能绝于口以醉。席间各分八题，以记属予。嘻！余过来五十三中秋矣，幼时不能记，长大后无可记。今以一臛首故，得与群贤披烟云，辨古迹，遂历历然若真可记者。然则人生百年，无岁不逢节，无境不逢人，而其间可记者几何也？余又以是执笔而悲也。

讲的是乾隆戊子年中秋节，苏州唐眉岑带着他儿子住在随园，数次跟袁枚说起他的烹调技艺，尤其是蒸猪头，但认为这东西难以独吃，如现在做好，怎么保得准就有客人来？袁枚劝说可以暂且备办起来，或许有不速之客来。果然，不多久，泾县翟云九进士到。后来仪征尤贡父到。又过了一会儿，南郊陈古渔到，这时太阳还未西斜。唐眉岑说：我们四个人都是外地人，没有游览过金陵的胜景，何不出去游玩一番？其他三人赞同，却不知道唐眉岑是想让客人先饿一下，以便有好胃口吃猪头肉。

从随园出来后，四人一路登山、涉溪、过桃林，收获不少野趣……直到太阳落山，四处升起晚霞，慢慢踱步回到随园。此时月光透亮，肉已熟、酒又醇，猪头肉烂如泥，大家大快朵颐起来，因为食物过于美味而吃个不停，直到喝醉。酒席上分八个题目各作诗文。袁枚认为自己过了五十三个中秋节，年幼时的情景不记得，长大后也没有什么好记的。如今因为一只猪头，能和众贤游赏胜景，辨识古迹，佳节、胜景、四方名流，三者合在一起，并非偶然的事，却能偶然得到，好不快乐！为了不忘记这难得的快乐，必然要用文字记之。又不禁感慨：然而人生百年，没有一年不逢节日，没有一处不遇到人，这中间真值得记的有多少呢？！

从美食的角度看，简单来说，讲的是这么一个故事：一个猪头，人少吃起来不香，若肚子不饿，吃起来也差点意思，于是一个有趣的场面出现了——几位朋友大中午地被"调虎离山"地拉出去游玩，回到家时已经天黑月明，大家饥肠辘辘，吃什么都香，猪头吃尽也不在话下。

中秋佳节，金陵胜景，志趣相投的朋友，居然还有一个猪头"调味"，在袁枚笔下，即便形态粗陋的猪头也上得了台面，一样雅趣盎然。

刘方伯家的月饼

袁枚详细记述中秋节吃猪头之事，这只是个特例，盖因来访客人善烹猪头，顺便露一手，袁枚家里的厨师在旁帮忙加学习，于是成了一道随园菜。说到中秋节，袁枚生活的时代已经有吃月饼的习俗，《随园食单》里就有"刘方伯月饼"：

> 用山东飞面，作酥为皮，中用松仁、核桃仁、瓜子仁为细末，微加冰糖和猪油作馅。食之不觉甚甜，而香松柔腻，迥异寻常。

"飞面"就是面粉，"作酥为皮"，这是酥皮，即将松仁、核桃仁、瓜子仁三种坚果磨为细末，加入糖和猪油作成馅。这是"酥皮三仁月饼"，大概可算是今天的五仁月饼的祖宗。不过我觉得这"三仁月饼"也挺好，李白有"举杯邀明月，对影成三人"，这个谐音的"三仁"月

第二篇 官府菜的心思

饼就显得蛮有诗意的嘛。

除了刘方伯月饼，还有"花边月饼"："明府家制花边月饼，不在山东刘方伯之下。余尝以轿迎其女厨来园制造，看用飞面拌生猪油千团百搦，才用枣肉嵌入为馅，裁如碗大，以手搦其四边菱花样。用火盆两个，上下覆而炙之。枣不去皮，取其鲜也；油不先熬，取其生也。含之上口而化，甘而不腻，松而不滞，其工夫全在搦中，愈多愈妙。"这是纯手工制作的酥皮枣泥月饼，没有模具，做起来真是费工费力。

关于"花边月饼"的主人，只提到了"明府"，没有具体姓氏，估计是当时江宁县的县令。"刘方伯月饼"的主人刘方伯，则是时任江宁布政使刘墫。中秋节吃猪头，袁枚大书特书，而吃月饼，他却没有将其与中秋节联系起来，看来中秋节吃月饼的习俗虽然那个时候已有，但远没有我们今天含义丰富。

中秋最早称"仲秋"，古人将兄弟排行的孟、仲、季给月份"排行"，秋天的三个月分别称孟秋、仲秋和季秋。仲秋即秋天的第二个月，包含两个重要节日，一个是秋分，一个是秋社。秋分的主要活动是祭拜月亮，秋社的主要活动则是祭祀社神。当时这两个节日祭祀用的都是肉，与饼无关，而这些肉在祭祀完成后，便会切割分块，由众人分享。南梁《荆楚岁时记》载："秋分以牲祠社，其供帐盛于仲秋之月。社之余胙，悉贡馈乡里，周于族。"说的就是这么一回事。

我们今天在为假日如何调休伤脑筋，古人则在计算节日时辰上大费周章。古人使用太阴历，将昼夜等分那天定为秋分，将立秋后的第五个戊日定为秋社，因为要做推算很麻烦，于是就有了将这两个节日合二为一的动机。节日必须让人易记，秋天第二个月的月圆之夜多好记！唐代诗人欧阳詹在《玩月》诗序中给出的八月十五中秋赏月的四大理由："月之为玩，冬则繁霜大寒，夏则蒸云大热。云蔽月，霜侵人，蔽与侵，俱害乎玩。秋之于时，后夏先冬。八月于秋，季始孟终。十五于夜，又月之中。稽于天道，则寒暑均，取于月数，则蟾兔圆。"这大概是人们将八月十五定为中秋节的最好解释。

在唐宋时只不过是一小撮文人发表诗兴的赏月良辰节日，到北宋末年，已成为普通老百姓集体共庆的民俗盛典。记述北宋首都汴京（今河南开封市）生活的《东京梦华录》载："中秋夜，贵家结饰台榭，民间争占酒楼玩月，丝篁鼎沸。近内庭居民，夜深遥闻笙竽之声，宛若云外。闾里儿童，连宵嬉戏。夜市骈阗，至于通晓。"记载南宋临安（今浙江杭州市）节俗的《梦粱录》载："八月十五中秋节，此日三秋恰半，故谓之'中秋'。此夜月色倍明于常时，又谓之'月夕'。此际金风荐爽，玉露生凉，丹桂香飘，银蟾光满，王孙公子，富家巨室，莫不登危楼，临轩玩月，或登广榭，玳筵罗列，琴瑟铿锵，酌酒高歌，恣以竟夕之欢。至如铺席之家，亦登小小月台，安排家宴，团圆子女，以酬佳节。虽陋巷贫窭之人，解衣市酒，勉强迎欢，不肯虚度。此夜天街卖买，直至五鼓，玩月游人，婆娑于市，至晓不绝。盖金吾不禁故也。"

以上提到这个时候有了中秋节，但没有提及中秋吃月饼的习俗。

关于月饼的最早记载，出自《梦粱录》卷十六"荤素从食店"，其中记载当时的"蒸作面行"出售芙蓉饼、菊花饼、月饼、梅花饼、开炉饼等，但却指出这些点心是"四时皆有，任便索唤"，并非中秋特供。

在此之前，已经有虽不称为"月饼"但已经是月饼的"小饼"，这还是大美食家苏东坡写的。元符三年（1100）七月四日，苏东坡遇赦从海南北归到廉州，"琼州别驾、廉州安置，不得签书公事"，廉州就是现在的广西合浦，他在此待了一个多月，八月二十四日奉到诏告，迁舒州团练副使、量移永州，八月二十九日，苏东坡离开廉州。在廉州期间，他得到了极好的接待，吃到了烤猪和小饼，要离开了，总得表示感谢，于是于八月二十四日作了这首《留别廉守》：

> 编苇以苴猪，墐涂以涂之。小饼如嚼月，中有酥与饴。悬知合浦人，长诵东坡诗。好在真一酒，为我醉宗资。

大意是说用芦苇包住猪，再涂上黏土，这样烤出来的猪真香。吃着圆圆的小饼，如同咀嚼天上的明月，中间还包着奶酥和麦芽糖，好吃！苏东坡在合浦吃到小饼刚好在七八月，但并不足以说明当时就有中秋吃月饼的风俗，可能平时也吃。"小饼如嚼月"，说的是吃小饼如同嚼月亮，形容小饼之圆，但不能凭此句推出"中秋吃月饼"的结论。

中秋吃月饼这个习俗，现有资料可以佐证的最早是16世纪初晚明嘉靖年间，明朝万历、天启年间太监刘若愚在回顾当初宫中事的《酌中志》中这样写道："八月宫中赏秋海棠、玉簪花。自初一日起，即有卖月饼者，加以西瓜、藕，互相馈送……至十五日，家家供月饼、瓜果，候月上焚香后，即大肆饮啖，多竟夜始散席者。如有剩月饼，仍整收于干燥风凉之处，至岁暮合家分用之，曰'团圆饼'也。"这种月饼，居然可以留到"岁暮"，就是年底，估计是硬得可以砸死狗的，那时没有防腐剂，也没有冰箱，只有水分少的干东西才可保存这么久。不仅仅是皇室，中秋吃月饼的习俗此时也在民间盛行，嘉靖《威县志》记载"中秋，置酒玩月，为月饼馈之"。同一时期的《太仓州志》也记载"富家妇女设瓜果圆饼中庭，以拜月"。《西湖游览志余》也记载"八月十五谓之中秋，民间以月饼相遗，取团圆之义。是夕，人家有赏月之宴"。到了清代，几乎每个省的地方志里，都有关于中秋吃月饼的记载。我们这个民族，对吃特别重视，但凡过节有点什么吃的，一定不会放过，如果中秋节吃月饼这个习俗在晚明之前就有，应该不会没有被记载下来。

但让袁枚津津乐道的中秋吃食还是猪头，而不是月饼。

徐兆璜明府家的芋羹

袁枚在《子不语》中讲了关于蒋用庵数人因贪吃河豚误食大便水的

故事。故事的发生地就在当时江宁知府徐兆璜家，袁枚说"徐精饮馔，烹河豚尤佳，因置酒请六客同食河豚"。能被袁枚称之为"精饮馔"，这可不简单。

虽然袁枚称赞徐兆璜"烹河豚尤佳"，但《随园食单》中却不见河豚的身影，为什么呢？我推测，袁枚写《随园食单》，食品安全他是放在第一位的，在"洁净须知"中，他就说：

> 切葱之刀，不可以切笋；捣椒之臼，不可以捣粉。闻菜有抹布气者，由其布之不洁也；闻菜有砧板气者，由其板之不净也。"工欲善其事，必先利其器。"良厨先多磨刀，多换布，多刮板，多洗手，然后治菜。至于口吸之烟灰，头上之汗汁，灶上之蝇蚁，锅上之烟煤，一玷入菜中，虽绝好烹庖，如西子蒙不洁，人皆掩鼻而过之矣。

他列举了烹饪过程中常见的不讲究卫生的行为，说做菜如果不讲卫生，就像西施脸上沾了污秽，人人见了都要掩鼻而过。如此追求食品卫生之人，对食品安全当然会相当重视，河豚烹饪不当会导致中毒，危及生命，他当然不会在《随园食单》中推荐，而是放在讲鬼故事、讲笑话的《子不语》中，当成反面教材。（袁枚写完《子不语》后才发现元代有同名作品，于是又改名为《新齐谐》）

既然徐兆璜"精饮馔"，总有一两道菜出现在《随园食单》中吧，还真有——"芋羹"：

芋性柔腻，入荤入素俱可。或切碎作鸭羹，或煨肉，或同豆腐加酱水煨。徐兆璜明府家，选小芋子入嫩鸡煨汤，妙极！惜其制法未传。大抵只用作料，不用水。

"小芋子"，我们现在习惯叫"芋艿"，徐兆璜家的芋羹，应该叫"芋艿羹"。袁枚说"惜其法未传"，其实他自己已经琢磨得差不多了：先把芋艿切小块，嫩鸡肉（也可用鸭肉、猪肉或豆腐代替）也切小块，一起煨烂。

芋头属多年生宿根性草本植物，原产于东亚和太平洋群岛，我国是芋头的原产国之一，马来西亚、印度半岛等炎热潮湿的沼泽地带也是它的发源地，现在已经在全球各地广为栽培。我国的芋头种植地域分布广阔，主要在珠江、长江以及淮河流域。从热带沼泽地到温带旱地，芋头都可种植，这是自然选择和人为栽培驯化的结果。芋头品种很多，按类型分大魁芋、多头芋和多子芋三大类，多子芋的芋艿多，我国多栽培此类，比如杭州、上海的白梗芋和红梗芋，慈溪红顶芋、余姚黄粉芋和乌芋，袁枚说的芋头应是黄粉芋或乌芋。

袁枚说的芋羹，与宁波名菜"奉化芋艿羹"颇为相似：食材主要有一两一个的芋艿、鸡汤或水、猪油渣、猪油、生粉。做法：先将芋头去皮，切厚片，入锅蒸熟。接着将蒸熟的芋头取出，切成一厘米见方的小块备用。再把猪油加入热锅，入葱白爆香，加入芋头块翻炒，再加入三分之二分量的油渣翻炒，加入约三小碗的鸡汤或水。烧开后加一小勺盐和生抽调味调色。再次烧开后，加入生粉勾芡，撒上葱花。盛入大碗后，把剩下的油渣碎撒在上面即成。油渣的香、鸡汤的鲜、芋头的糯，融合之后入口给人带去满满的幸福感。可以说，奉化芋艿羹就是袁枚所说的徐兆璜明府芋羹的现代版。

徐兆璜任江宁知府时，袁枚的随园刚落成，因徐兆璜对联写得极好，就为随园写了一副对联。在袁枚仿照冒襄（字辟疆）编《同人集》十二卷（全名《六十年师友诗文同人集》），将其近六十年名利场中与友人交往酬答之诗文，选最佳之作梓而存之的《续同人集》中就提及此事："徐兆璜别驾云：'廉吏可为，鲁山四面墙垣少；达人知足，陶令归来岁月多。'"

徐兆璜把袁枚比作鲁山和陶渊明，上联说的是袁枚前期从政，就如鲁山一样廉洁。这个鲁山就是鲁穆，字希文，天台县（今浙江天台）人，明朝官员，明永乐四年（1406）进士。鲁山初任都察院御史，出巡江北、两淮等地，秉公执法，"吏不容奸"，正统元年（1436）升任右佥都御史，正统二年（1437）卒于任上，为官三十载而如寒士。下联说的是辞官后的袁枚就如归隐南山下的陶渊明，后半辈子可以好好享受安宁岁月。

与袁枚一样，徐兆璜好诗好酒好美食，孙小堂赠徐兆璜的一联就作了高度的总结："老去尚夸诗力健，兴豪那计酒筹多。"袁枚的"朋友圈"，有太多像徐兆璜这样志趣相投的朋友，就如那碗徐兆璜明府芋羹，暖心又暖胃。

朱分司家的红煨鳗

　　鳗鱼，以其肉质细腻、脂香浓郁而备受食客青睐。史上好吃鳗鱼的人多了去了，南唐的韩熙载应该可算第一"鳗痴"，韩熙载就是名画《韩熙载夜宴图》里那位著名的大胖子，北宋陶谷《清异录》中载："江南紫微郎熙载，酷好鳗鲡。庖人私语曰：'韩中书一命二鳗鲡'。"说的是熙载酷爱吃鳗鱼，他的家厨私下里议论纷纷："韩相爷这条命，简直就是靠着这两餐鳗鲡饭续着。"

　　袁枚也十分喜欢鳗鱼，在《随园食单》里，他就很有心得地总结："鳗鱼最忌出骨，因此物性本腥重，不可过于摆布，失其天真，犹鲫鱼之不可去鳞也。"他还列出了三种带汤的鳗鱼做法：有炸鳗，有不可思议的鳗面，还有详细介绍的红煨鳗。红煨鳗做法如下：

　　　　鳗鱼用酒、水煨烂，加甜酱代秋油入锅，收汤煨干，加茴香、大料起锅。有三病宜戒者：一皮有皱纹，皮便不酥；一肉散碗中，箸夹不起；一早下盐豉，入口不化。扬州朱分司家，制之最精。大抵红煨者，以干为贵，使卤味收入鳗肉中。

袁枚做鳗鱼的讲究是有道理的。鳗鱼是多脂少水的优质鱼，每百克鳗鱼，脂肪含量约十克，而且其中百分之七十五是不饱和脂肪酸，这是鳗鱼味道浓郁的原因，但是多脂这个优点用得不好也会变成缺点，因为鱼油中的二十二碳六烯酸（DHA）和二十碳五烯酸（EPA）容易氧化，产生的醛酮类物质，会产生腥味。鳗鱼体表还有黏液，这些黏液中的氨基戊酸、氨基戊醛还会与腥味的三甲胺和二甲胺结合，会加重腥味，袁枚反对给鳗鱼脱骨，是为了缩短处理鳗鱼的时间，让鳗鱼的腥味物质少积聚。所以袁枚说做鳗鱼"不可过于摆布"，不仅要现杀现做，而且要尽快烹饪。像日料中的烤鳗鱼，锋利的刀，娴熟的刀工，去骨只需几秒钟，不违反袁枚的原则，而潮州菜的"龙穿虎肚"——将鳗鱼去骨后藏进猪大肠中，这要让袁枚看到，非得骂其"劣厨"不可。

对于烹饪红煨鳗，袁枚列出三道不能碰的"红线"：一是"鳗皮起皱纹"，这会让鱼皮不酥；二是"鳗鱼肉散落于碗中"，这样的话筷子夹不起鱼肉；三是太早放入盐和豆豉，这会使得肉入口不化。这三道"红线"有其道理：首先，火候过急过旺，鳗鱼里的油脂温度升高，会使鱼皮皱起，鱼皮体积增大后会充满空隙，如此一来，酱汁就会渗入，这样虽更入味，但鱼皮就不酥爽了；其次，过早下盐和豆豉，会使鳗鱼肉中的蛋白质和水分加速析出，肉质会变干变柴。袁枚还总结出了一个原则：红煨鳗以无汤为好，这样卤汁就会都被吸收进鳗鱼肉中。

如此讲究，显然需要有长期的烹鳗经验，而且还要善于总结，非烹饪高手或美食大家难以下此结论。袁枚说了，这道菜，"扬州朱分司家，制之最精"。我猜测，这些经验总结，朱分司家贡献了不少。

这个朱分司，就是时任两淮盐运使朱孝纯。朱孝纯，字子颖，号思堂、海愚，东海（今山东郯城西）人。朱孝纯的父亲朱伦瀚，是康熙五十一年（1712）的武进士，善骑射，并善以指作画。朱孝纯本人于乾隆壬午年间（1762）得中举人，历任四川叙永知县、山东泰安知府、两淮盐运使。"朱分司"之所以得名，就是在他的盐官任上。两淮盐运使官秩不算高，为从三品，但职责重大，油水自然也少不了。盐业是清代国家税收的重要来源，当时的两淮又是盐业最发达的地区，国家收入仰赖两淮。朱孝纯的相貌很有特点，他的须髯像古代的兵器戟那样，分成左右两支，弯弯翘起，当时人们都称呼他"戟髯"。两淮盐运使官署在扬州，朱孝纯做盐官后，长居扬州，晚年也定居扬州。他创建梅花书院，扶植当地文教，本人则师从桐城派大家刘大櫆，诗文兼擅；绘画方面，颇得父亲真传，以山水最为有名，尤擅孤松怪石。

这样一个诗书画兼擅、于美食方面又有研究的有趣之人，与袁枚交往颇深，袁枚有四首《赠朱子颖转运即以留别》，足见他们之间的关系之密切，比如这第一首：

曾骑竹马侍尊公，五十年华逝水同。敢以通家参末坐，偶因招隐接清风。平山影落双旌上，燕寝秋生一雁中。难得王濛齐抗手，开樽谈到漏声终（谓梦楼太守）。

袁枚自注："枚十二岁受知于尊人粮储公，今六十二矣。"这是回忆与朱家的交往，朱孝纯的父亲朱伦瀚曾任浙江储粮道布政副使，袁枚十二岁时就获朱伦瀚赏识，"敢以通家参末坐"，在朱家蹭吃蹭喝五十年，所以袁枚说"五十年华逝水同"，可见二人关系非同一般！

又有一首：

平生秋月比襟怀，小李丹青大谢才。爱向蜀江看峡险，懒从秦栈叱车回。九重语密恩仇忘，万里游多眼界开。莫怪使君风骨冷，泰山顶上抱云来。

这是对朱孝纯画风的肯定，朱孝纯当过四川叙永县知县，画过四川山水，所以袁枚说"爱向蜀江看峡险"；朱孝纯当过山东泰安知府，画过泰山风云，所以袁枚说"泰山顶上抱云来"。

再看这首：

读罢秋原校猎篇，三唐音节八风宣。云中金翅身摩地，塞上霜筋响入天。惜我雄心听已老，借公如意舞犹颠。相传手射潢池贼，真个天狼早避弦。

这是对朱孝纯诗文的赞美，袁枚说读完朱孝纯的《秋原校猎》诗，如身临其境，"云中""塞上"都是西北要塞，在袁枚眼里，朱孝纯的诗也如其画，苍劲有力。有人将朱孝纯的诗与袁枚作比较，称"袁枚为琵琶，孝纯为金钟"，这个评价绝了。

最后看这首：

> 白发征夫别画堂，主人情重费周章。佩贻屈子三湘草，心表南丰一瓣香。出岫云仍归旧壑，入林鸟尚恋斜阳。从今地有莺花主，杜牧扬州梦正长。

朱孝纯定居扬州，袁枚到他家拜访，离别时朱孝纯还送了袁枚素兰和香珠，杜牧说"十年一觉扬州梦，赢得青楼薄幸名"，袁枚为朱孝纯选择扬州定居而高兴。这两人在生活享受上，可谓"臭味相投"。

他们之间的惺惺相惜，还应该与美食的共同爱好有关，起码包括这道红煨鳗。

吴竹屿家的汤煨甲鱼

早在西周的时候，甲鱼就是当时贵族们餐桌上的美食，《诗经·小雅·六月》就有"饮御诸友，炰鳖脍鲤"，《诗经·大雅·韩奕》中有"其肴维何？炰鳖鲜鱼"。鳖就是甲鱼，李时珍在《本草纲目》说："鳖行蹩躄，故谓之鳖。"蹩者，跛也，说的是鳖走路时就像跛了脚。至于叫甲鱼，是因为它身上背着甲，它还有不少俗称，比如团鱼、水鱼、王八、脚鱼……

《诗经》所载的年代，甲鱼的烹饪方法是"炰"，这是个多音多义字，读"páo"时同"炮"，意思是把带毛的肉用泥包好后放在火上烧烤，这显然不适合于烹饪甲鱼，甲鱼有甲没毛；读"fǒu"意为煮，即用水把鳖煮熟、煮烂，最后放点调料，这应该就是那个时候烹饪甲鱼之法。

《随园食单》里提到的甲鱼烹饪方法就多了，计有生炒甲鱼、酱炒甲鱼、带骨甲鱼、青盐甲鱼、汤煨甲鱼、全壳甲鱼共六种。其中的"汤煨甲鱼"，想来应该不错：

> 将甲鱼白煮，去骨拆碎，用鸡汤、秋油、酒煨，汤二碗收至一碗起锅，用葱、椒、姜末糁之。吴竹屿家制之最佳。微用纤，才得汤腻。

做法大概是：第一步先将甲鱼清理干净。在《随园食单》"须知单"的"洗刷须知"中，袁枚就说食鳖要"去丑"。这里的"丑"，指甲鱼中不好的东西，包括甲鱼的内脏和甲鱼表面的膜，这层膜要用开水焯一下才容易剥除。

第二步才是煮甲鱼，便于下一步去骨拆肉，所以袁枚只说"白煮"，即什么调料都不放。不过我觉得可以放点姜、葱、酒和醋，因为甲鱼的生长环境如果是泥地就会有土腥味，这些土腥味来自生长环境不干净而产生的放射菌和蓝绿藻，而醋可以分解这些放射菌和蓝绿藻，另外，姜、葱里的硫化物和酒里的乙醇遇热挥发，也会把部分腥味物质三甲胺一起带走，即去腥。

第三步是去骨，留下肉和裙边，加鸡汤、酱油和酒一起煨，汤的量大概要从两碗煨至只剩一碗，再加入葱、姜末和花椒，然后勾一点薄芡。

袁枚强调，这个菜要做到"汤腻"，这与营养匮乏的年代人们的美食观念有关。那时候的人认为甲鱼大补，腻意味着营养丰富。我们现在做这道菜可以大胆往不那么腻的方向改良，甲鱼的裙边富含胶原蛋白，经过长时间的煨煮，这些胶原蛋白已经分解为明胶，口感黏糯，因此无须勾芡。而葱、姜、花椒一起下，味道也未免有些过浓，可以适当做一些减法。

这道菜，袁枚说"吴竹屿家制之最佳"，这位吴竹屿就是吴泰来，字企晋，号竹屿，长洲（今江苏苏州市）人，藏书家吴铨之孙、吴用仪之子。吴泰来于清朝乾隆九年（1744）由副贡生进校官，任宿松县教谕，才情逸秀，与王昶、王鸣盛、钱大昕、赵文哲、曹仁虎、黄文莲等称"吴中七子"。乾隆二十五年（1760），三十九岁的吴泰来才中进士，过了两年，乾隆下江南时为笼络江南士子，召试吴泰来，赐官内阁中书，吴泰来竟不赴官，视官位为浮云，这点很像袁枚。乾隆五十二年（1787）受毕沅聘为关中、大梁书院山长，与洪亮吉、钱泳等人常赋诗唱和。与袁枚一样，他筑"遂初园"于木渎山，藏书数万卷，以宋、元椠本为多。《清史稿·列传》记其："家有遂初园，藏书数万卷，寝馈其中凡十余年。"有诗集《渔洋》《净名轩集》《砚山堂集》《吴中七子诗合刊》传世。

有才情，会作诗，好美食，视仕途为浮云，价值观可谓与袁枚高度一致，在《随园诗话》中就经常见到吴泰来（竹屿）的身影，比如卷十就有"吴中七子中，赵文哲损之诗笔最健。丁丑召试，与吴竹屿同集随园"，可见袁枚认可了吴泰来是"吴中七子"的说法，二人交情不错，吴泰来经常住在随园。

关于二人的交情，《随园诗话》里还记载了一个故事：

士大夫宦成之后，读破万卷，往往幼时所习之"四书""五经"，都不省记。癸未召试时，吴竹屿、程鱼门、严冬友诸公毕集随园。余偶言及"四书"有韵者，如《孟子》"师行而粮食"一段，五人背至"方命虐民"之下，都不省记。冬友自撰一句足之，彼此疑其不类，急翻书看，乃"饮食若流"四字也。一座大笑。

袁枚说，士大夫当官之后，读破万卷书，但往往小时候读的四书、五经都记不起来了。癸未年召试时，吴竹屿、程鱼门、严冬友诸公都聚集在随园。自己偶然谈到"四书"中有韵的，比如《孟子》里"师行而粮食"一段，五人背到"方命虐民"，之下都记不起来了，冬友自己编了一句结尾，几人都有些怀疑，急忙翻书看，乃是"饮食若流"四个字。

这一词语出自《孟子·梁惠王下》："睊睊胥谗，民乃作慝，方命虐民，饮食若流。流连荒亡，为诸侯忧。"说的是大臣怒目而视，怨声不绝，百姓于是被迫作恶。周王背逆天意，欺虐百姓，吃喝挥霍如流水，可谓"流连荒亡"，诸侯们都为此担忧。

袁枚和吴竹屿背不下去的"饮食若流"，意思是饮食如流水、挥霍无度，他们查资料见到是这一句后哈哈大笑，不知这一句有没有击中了他们的软肋？

如今，甲鱼已从名贵之物变成普通人也吃得起的食物，我们如此这般细心料理，不算"饮食若流"，认真对待食物，把普通的食材做成美食，这才是"为天地惜物业"，善哉善哉！

程泽弓家的蛏干

《随园食单》里提到四种贝类，计有蛤蜊，即沙蛤，也称吹潮、沙蜊；有蚶；有蜱螯，即文蛤；还有给他留下深刻印象的蛏子。对于蛏子，他老人家不惜笔墨大书特书，比如"程泽弓蛏干"：

> 程泽弓商人家制蛏干，用冷水泡一日，滚水煮两日，撤汤五次。一寸之干，发开有二寸，如鲜蛏一般，才入鸡汤煨之。扬州人学之，俱不能及。

说程泽弓家的鸡汤煨蛏干，是用发好的蛏干和鸡汤煨，但别人怎么学都没有他们家做得好。至于其中原因，袁枚也没说。

我来"破这个案"：这是因为程泽弓在故意误导大家，也包括袁枚。蛏干不论煮熟了再晒还是生晒，如果做之前用冷水泡一天、滚水煮两天，其间还换五次水，如此折腾，蛏干已经变成汤渣，原有的鲜味和甜味尽失，再怎么用鸡汤煨也不可能好吃。大家按程泽弓"透露"的这个方法做菜，当然不可能比他们家做的好吃。

这个狡猾的程泽弓，是扬州的盐商，清代扬州八大盐商之一程之韺的族兄弟，其高祖程量入自徽州迁扬州从事盐业生意以来，累世巨富，李斗在《扬州画舫录》里写道："扬州诗文之会，以马氏小玲珑山馆、程氏筱园及郑氏休园为最盛。"马、程、郑三家都是徽籍盐商，"每会，酒肴俱极珍美"。"诗文之会"，说明那时候土豪们的宴会不仅吃吃喝喝，还会吟诗作对，很是风雅。袁枚每到扬州，程泽弓都大摆宴席，这让袁枚很满意。至于菜的做法嘛，袁枚问起，不说不行，那就随便一忽悠，如此袁枚居然信了，还写在《随园食单》里。当然了，这是我的猜测，缺乏依据。

晚清时，袁枚的小粉丝夏曾传也对这道菜提出了异议，他说："食蛏干如老妓接客，风流尽矣，而习气犹存，可笑也。"此处的"习气"多指逐渐形成的不良习惯或作风，这可不是什么好评。幸好袁枚还说到了鲜蛏的做法：

烹蛏法与蝤蛑同，单炒亦可。何春巢家蛏汤豆腐之妙，竟成绝品。

这其实是说了三道菜：两道炒鲜蛏，一道豆腐蛏汤。鲜蛏怎么炒？"与蝤蛑同"！

参考蚌鳌的做法大概是：先将五花肉切片，加上作料焖烂后装起来；再将洗干净的鲜蛏用麻油单炒，接着把焖好的五花肉倒进去一起烹煮一会儿。这道菜要多放些酱油才有味，加点豆腐也可以。另一种做法是直接用麻油炒鲜蛏，加点酱油调味。

至于另一道豆腐蛏汤怎么做，袁枚说"竟成绝品"，因为主人何春巢没说。其实这道菜难度不大，用鸡汤、蛏子和豆腐简单煮一下，味道便既鲜又甜。

蛏子是竹蛏科的一种贝类，在我国主要有缢蛏和竹蛏，分布于沿海地区河口或有少量淡水流入的内湾潮间带和低潮区的泥沙里，以足部掘穴居住。足部也最好吃，另一头是两根"水管"，负责呼吸和摄食，中间的肚子里有内脏。清明至小暑是蛏子的最佳赏味期，这个时候的蛏子十分肥美，因为富含谷氨酸和甘氨酸，又含核苷酸，鲜味突出，而甜味则由甜菜碱和甘氨酸提供。一入秋天，进入繁殖季，蛏子会让自己变得既瘦又寡淡无味，这是蛏子的生存术。它们选定地方居住下来后就不再挪动，换言之，它们没有更好的办法对付天敌，唯有在繁殖季让自己变得不好吃。春夏之际，新鲜的蛏子，怎么做都好吃，老酒炖蛏、盐焗蛏、蒜蓉蒸蛏、蛏饼、炒蛏、蛏汤……

袁枚把蛏子说得如此神秘的，这是物以稀为贵，现在蛏子的人工养殖技术十分成熟，也就见怪不怪了。

袁枚说"何春巢家蛏汤豆腐之妙，竟成绝品"，这个何春巢即何承燕，字以嘉，号春巢，是袁枚的朋友高邮知州、海州知州何廷模的长子，先后任顺天副贡、东阳教谕，著有《春巢诗余》。袁枚对何春巢的诗词特别赏识，在《随园诗话》中频频提及，如说他的《千金亭》："空亭千古对平波，野渡斜阳犹客过。莫怪无人留一饭，报恩人少受恩多。"可谓对世间人情观察分析得入木三分，的确是袁枚性灵一派的佳作，既意趣盎然，又回味无穷。

何春巢的诗词得到袁枚认可，他也和袁枚混到一块。在《随园诗话》卷十一·四十一中载：

> 壬寅冬，余游雉皋，何春巢引见其亲家徐湘圃司马。其人吐气如虹，不可一世；家有园亭之胜，招致名姝，宴饮竟夜。

说的是壬寅年冬天，袁枚在雉皋游玩，陪同的何春巢向他引荐他的亲家徐湘圃司马。此人气度不凡，言谈如天际长虹，有旷世之才。家中亭园幽美，招来名妓，宴饮通宵达旦。何春巢的亲家送给袁枚一首诗：

> 飒飒空林乱叶声，相逢慰我寂寥情。多邀红袖同行酒，小摘寒蔬为煮羹。对月且拼三五夜，看花莫问短长更。幽怀万种愁千斛，不遇先生不肯鸣。

红袖，这是美女；寒蔬，是美食。"看花莫问短长更"，谁深更半夜看花？这花怕是指妓女吧？"莫问短长更"，就是别问年龄，别打听籍贯。见到风尘女子，先问籍贯，再劝从良，从来如此。我看袁枚不仅不问美女年龄多大，来自何处，连何春巢的蛏汤豆腐怎么做也忘了问了，所以才"竟成绝品"。

这也是瞎猜，不过我相信应该八九不离十！

龚司马家的乌鱼蛋和笋干

袁枚在当时金陵的随园，名声响亮得很，在离随园不远的清凉山，有一个"半亩园"，住的是有明末清初画坛"金陵八大家"之首之称的龚贤。龚贤的儿子龚柱（字础安）也是画家，龚柱的儿子龚如璋（号云若），也与袁枚有交往。袁枚在《随园食单》里就说了他们家的两道美食。

第一道是乌鱼蛋：

乌鱼蛋最鲜，最难服事，须河水滚透，撤沙去臊，再加鸡汤、蘑菇煨烂。龚云若司马家制之最精。

制作方法有点神乎其神，袁枚说必须用河水煮透，才能去掉其中的沙砾和腥臊味，再加鸡汤、蘑菇炖烂。按袁枚的说法，难道没有河水这道菜就做不了了？

要回答这个问题，就得先弄清楚乌鱼蛋为何物。乌鱼蛋就是梁实秋先生在《雅舍谈吃》中说的"乌鱼钱"，他说："我一直以为那是蛋，有一年在青岛顺兴楼饮宴，上了这样一碗羹，皆夸味美，座中有一位曾省教授，是研究海洋渔产的专家，他说这是乌贼的子宫，等于包着鱼卵的胞衣，晒干之后就成了片片的形状。我这才恍然大悟。"他在北平东兴楼吃到用乌鱼钱制成的羹，"要用清澈的高汤。鱼钱发好，洗净入沸汤煮熟，略勾粉芡，但勿过稠，临上桌时撒芫荽末、胡椒粉，加少许醋，使微酸，杀腥气"。

不过，梁实秋先生这个说法是错误的，乌鱼蛋是雌性墨鱼体内的缠卵腺，不是子宫。缠卵腺的作用是在墨鱼产卵时分泌腺液，将墨鱼卵粒缠绕起来黏合在一起，聚集在一起的墨鱼卵形成一串串，才能附着在海底的海藻或礁石等相对固定的物体上。加工墨鱼时，将鲜墨鱼的缠卵腺割下来，用明矾和食盐混合液腌制，缠卵腺因此脱水，蛋白质也加速凝固，之后再晒干，就成了我们看到的乌鱼蛋。

乌鱼蛋干制品外表有明矾和食盐，可能含沙，也因含有三甲胺和二甲胺而产生腥味，食用时必须先进行处理。袁枚说用河水煮透，这是因为河水一般为弱碱性，有利于乌鱼蛋涨发，便于去除杂质。如果没有河水，加入少量小苏打也行，或者稍麻烦一点，先将乌鱼蛋用清水洗净，放入开水中浸一下，捞出、入凉水中洗去外皮，再用手一片一片地撕开，之后将乌鱼蛋片放入清水中浸泡一下即可烹调。

这样的食物做法可谓刁钻，用鸡汤和蘑菇煮汤是高级版，民间的吃法应该简单一些，康熙年间的《日照县志》就有"乌贼鱼口中有蛋，属海中八珍之一"。当地的做法，多将干贝加汤蒸好捏成丝，乌鱼蛋撕成片，再将二者一起放进汤里，加醋、胡椒粉，烧开勾芡即成。比袁枚稍早的吏部员外郎王士禄《忆菜子四首》中有一首："饱饭鱼兼蛋，清镈点蟹胥，波人铲鳆鱼，此事会怜渠。"王士禄是王士禛的哥哥，山东新城（今淄博桓台县）人，他将乌鱼蛋与鲍鱼、蟹胥两珍并列，这说明至迟在清初山东一带就有吃乌鱼蛋的传统。

袁枚在龚云若家吃到乌鱼蛋并写进《随园食单》，这让乌鱼蛋这一刁钻食物广而告之，晚清时北京酒楼的菜品多为鲁菜，老饭庄泰丰楼就曾用炸乌鱼蛋招待过晚清大员、巨富和名伶。民国时期，程潜、章士钊等去丰泽园做客，也曾吃过乌鱼蛋汤，并对此赞赏有加。新中国成立后，周恩来总理曾在萃华楼宴请过印度总理尼赫鲁、缅甸总理吴努等，餐桌上就有烩乌鱼蛋。

袁枚还提到龚云若家的另一道菜"问政笋丝"：

> 问政笋，即杭州笋也。徽州人送者，多是淡笋干，只好泡烂切丝，用鸡肉汤煨用。龚司马取秋油煮笋，烘干上桌，徽人食之，惊为异味，余笑其如梦之方醒也。

袁枚说的"问政笋"就是杭州笋，前文中对其由来有些语焉不详。严格来说，问政笋专指安徽歙县东问政山出产的竹笋，袁枚生活的时代，大批徽商在杭州做生意，想吃家乡的问政笋时，有人就把问政笋干运到杭州，后来，大量杭州本地笋干鱼目混珠，在杭州售卖的问政笋干基本上都是杭州本地笋干。袁枚捅破了这个秘密，直接说"问政笋，即杭州笋也"。

竹笋以鲜和甜著称，鲜来源于其中的游离氨基酸，甜来源于其中的糖，竹笋被采收后五个小时内，会出现一个呼吸高峰，谷氨酸和天冬氨酸分解，此后竹笋鲜味锐减，糖转化为纤维，竹笋因此变老，因而放置一段时间后，草酸增加，口感变得又苦又涩。将竹笋晒干是解决办法之一，晒干后竹笋中的上述过程自然也就中止了，这就是"保鲜"。

当时的徽州人收到了笋干，泡开后切丝，用鸡肉煨汤喝，竹笋的鲜味进入汤中，汤自然很鲜，但竹笋就变得乏味。龚云若家先用酱油煮笋再将其烘干，让竹笋的味道不仅没有流失，而且还吸收了酱油的鲜味，所以徽商们食之，"惊为异味"。

看来龚云若也是一个美食家，那时候就已将刁钻的乌鱼蛋做成美食，将徽商们思乡的问政笋做得令人赞叹，这可是要有钻研精神才可以做到的。这个龚云若，有人说是袁枚的学生，这似乎有道理，袁枚《随园诗话》卷九第六就有"余宰江宁时，所赏识诸生秦涧泉、龚云若、涂长卿，俱登科第"。龚云若中进士后，曾任山西榆次县知县，后官同知，所以袁枚称其为龚司马。袁枚还作过一首《怀通家龚云若进士》，诗曰：

星郎踏雪访墙东，自入新春信未通。病起拟歌将进酒，花开谁

伴半衰翁。满城门掩清明雨，一笛声寒翠竹风。惆怅南都旧桃李，

年来剩有几枝红。

    满满的思念之情，看来龚云若不仅是袁枚的学生，还是他的得意门

生，不知袁枚想起龚云若时，有没有想到他家的乌鱼蛋和问政笋丝？

章淮树观察家的面筋

素食中的明星食材——面筋，很多人不知其由来。将面粉加入适量水、少许食盐，搅匀上劲，形成面团，再用清水反复搓洗，把面团中的淀粉和其他杂质全部洗掉，剩下的就是面筋。这些被洗掉的淀粉水晒干后，得到的就是澄面，粤菜点心中的虾饺、娥姐粉果，面皮用的都是澄面。

面筋是植物性蛋白质，由麦醇溶蛋白和麦谷蛋白组成，每百克面筋所含蛋白质在23.5至26.9克，比很多肉类还高。之所以有一个波动区间，这主要是由面筋的后续生产方法不同决定：将面筋用手团成球形，放入热油锅内炸至金黄色捞出，就成了油面筋，油炸过程中面筋失水，蛋白质占的比重相对增大，因此油面筋中的蛋白质含量自然就变高；将洗好的面筋放入沸水锅中煮八十分钟至熟，即成"水面筋"，蛋白质含量相对稍低一些。

古人也称面筋为"面斤"。沈括在《梦溪笔谈·辩证一》就有："濯尽柔面，则面筋乃见。"这是北宋就有面筋的铁证。陆游《老学庵笔记》卷七也有："所食皆蜜也。豆腐、面筋、牛乳之类，皆渍蜜食之。"说的是苏东坡的好朋友仲殊和尚好食蜂蜜，喜欢用面筋等拌着蜂蜜吃。李时珍在《本草纲目·谷部一·小麦》中说："面筋，以麸与面水中揉洗而成者。古人罕知，今为素食要物，煮食甚良，今人多以油炸，则性热矣。"明朝时，面筋已分为水面筋和油面筋，且已经成为僧人的重要素食，这一时期僧人们将面筋做出不同的花样来，顺理成章。

如此重要的食物，袁枚当然不会视而不见，在《随园食单》中就有"面筋二法"：

> 一法，面筋入油锅炙枯，再用鸡汤、蘑菇清煨。一法，不炙，用水泡，切条入浓鸡汁炒之，加冬笋、天花。章淮树观察家，制之最精。上盘时宜毛撕，不宜光切。加虾米泡汁，甜酱炒之，甚佳。

这里面其实讲了三种面筋的做法。第一种是"蘑菇煨油面筋"。先将面筋入油锅炙枯，这是先把面筋做成油面筋，这样面筋中的蛋白质在高温下发生美拉德反应，使面筋变得更鲜；再用鸡汤和蘑菇煨，鸡汤和蘑菇里的谷氨酸和鸟苷酸协同作战，再度提升鲜味。面筋在油炸时产生的类黑精提供了浓郁的香味，而蘑菇里的蘑菇醇则贡献了清淡的香味。

第二种做法是"冬笋天花炒水面筋"。先将水面筋切成条，与冬笋、天花菌一起炒，再加入浓鸡汁调味。天花菌是一种叠生平菇，与我们常见的平菇不同，后者的子实体是丛生的，而天花菌则是叠生的，看起来像一簇花朵，如鲜嫩肉质般的鲜与香是它的迷人之处，加上冬笋中天冬氨酸提供的鲜、浓鸡汁的浓郁香味，让水面筋有肉一般的味道。

第三种做法是"素炒面筋"。先将虾米泡出汁，再素炒面筋，最后用虾米水和甜酱调味。这道菜看似只见面筋不见虾米，"素面朝天"，但却有浓郁的鲜虾味、甜酱的甜味和酱香味。

对于煨面筋、炒面筋，袁枚给出的秘诀是"上盘时宜毛撕，不宜光切"，即要用手撕。手撕的面筋横截面不整齐，如一根根毛突出来，此谓"毛撕"；用刀切的横截面光滑整齐，此谓"光切"。如此讲究毛撕是有道理的：小麦面筋有独特的持水性、黏弹性和起泡性，因此呈现出"千疮百孔"，也容易入味；而手撕面筋让面筋的横截面面积更大，有更多的毛孔，也就更容易让鲜味和香味渗透并附着得更紧密，也更"入味"。

做面筋，袁枚说"章淮树观察家制之最精"，这个章淮树观察就是时任江宁知府章攀桂，字淮树，安徽桐城人，历任渭源知县、武威知县、镇江府知府、江宁府知府、苏松督粮道、淮扬道等职。《清史稿》记载章攀桂"有吏才，多术艺，尤精形家言"，这是说章攀桂当官有"两把刷子"，还精通风水之术，是那个时候赫赫有名的风水师。

章攀桂在江宁知府任上与袁枚有交往，他也是一个懂美食的主，不过待客方式与今天的土豪有些相似，即堆积各种高级食材。章攀桂曾招待过袁枚，袁枚得知菜色丰富繁多后，写了一封信给章攀桂，相当直接地批评他说，并不是只要有雄厚财力就可以买到真正的美味，没有顺应食材本身的特质做出来的食物，是没有美感的，品位也大打折扣。

会来事，肯花钱，这是章攀桂的优点，但这个优点用错了，"马屁拍错地方"。章攀桂担任淮扬道时，乾隆皇帝南巡，作为地方官员，章攀桂负责行宫的陈设，这是一次近距离接触乾隆皇帝的机会，章攀桂决心竭尽全力来讨皇上的欢心，他左思右想，考虑到乾隆皇帝年岁已高，口痰必多，身边一定需要一个痰盂，于是，章攀桂用镂空银丝，制作了一个精美的痰盂，放在乾隆皇帝的座位旁边。乾隆皇帝见了镂空银丝痰盂后，大吃一惊，怒道："此与孟昶之七宝溺器何异？"

"七宝溺器"典出后蜀末代皇帝孟昶。史载孟昶在执政后期整日沉湎于酒色之中，过着奢侈无度的生活，就连使用的夜壶都用珍宝制成，名曰"七宝溺器"。宋军灭掉后蜀时，得到了这件"七宝溺器"，宋太祖视之为亡国之物，命人将"七宝溺器"毁掉。章攀桂"拍马屁拍到马腿上"，从此，乾隆皇帝对他极为反感，他的仕途升迁之路也就此打住。

关于章攀桂的独门绝技——看风水，《清史稿》说他"既仕显，不以方技为也。自喜其术，每为亲戚交友择地，贫者助之财以葬"，这看似也是一项优势，但也为他带来灾祸。文华殿大学士兼军机大臣于敏中，江苏金坛人，在家乡大规模营建私家园邸，请善看风水的章攀桂帮忙。1780年，于敏中病逝，暴露出来历不明的巨额遗产，乾隆皇帝非常生气，派人到金坛进行调查。这一调查，发现章攀桂帮助于敏中修建私家园邸，乾隆皇帝新账旧账一块算，革了章攀桂的职，章攀桂辛辛苦苦几十年，"一夜回到解放前"。

官场也是职场，同样需要经营，个人才能如何与上司的理念匹配？什么时候该发力？什么时候该"装傻"？此中门道，远比做面筋复杂。

高邮咸鸭蛋

如果在全国范围内评选"国民美食"，咸鸭蛋估计可以入选前三名。这不仅因其普及范围之广，而且价廉物美。最好的咸鸭蛋来自江苏高邮，在这方面，大美食家、高邮人汪曾祺的推广贡献巨大；而在此之前，袁枚也为高邮咸鸭蛋"做了广告"，此事可见《随园食单》"腌蛋"：

> 腌蛋以高邮为佳，颜色红而油多。高文端公最喜食之，席间先夹取以敬客。放盘中，总宜切开带壳，黄、白兼用，不可存黄去白，使味不全，油亦走散。

什么是好的咸鸭蛋？袁枚拿高邮咸鸭蛋做标准：色红而油多。

腌咸鸭蛋，简单来说就是把鸭蛋洗干净后泡在盐水中，或用盐与泥和成的混合物包住鸭蛋。蛋壳的主要成分是碳酸钙，看起来是密闭的，其实上面有成千上万个微小的孔。自然状态下，蛋壳被表面的一层胶状物质封闭，经过清洗或在水中浸泡后，这层胶状物质被破坏，在高浓度的盐水渗透和压力下，盐往蛋壳内部扩散，而蛋黄中的水分则往外渗出。蛋黄颜色深浅取决于其中色素浓度的高低，而色素存在于油脂中。经过腌制，油脂从脂蛋白颗粒中跑了出来，填满了脂蛋白颗粒的缝隙，相当于染了色的油脂包裹了脂蛋白颗粒，所以我们看到的是变色后的蛋。而且腌制大大降低了蛋黄中水分的含量，相当于增加了色素的浓度，也使得蛋黄颜色更深。另外，盐和蛋黄中的铁发生化学反应，也对蛋黄的变色做出了贡献。这就是袁枚说的一个好的咸鸭蛋需要具备的第一个特征——色红。

蛋黄中一个个脂蛋白颗粒均匀分布在水分中，盐的渗入大大增加了水分中的离子浓度，而脂蛋白颗粒在高盐环境中不稳定，会导致一些油脂被释放出来。盐的浓度越高，加上腌制时间越长，释放出来的油脂就越多。而煮咸鸭蛋时，高温还会大大提升盐离子对脂蛋白的破坏能力，所以咸蛋经过加热煮熟，还会释放更多的油脂。这就是袁枚说的一个优质的咸鸭蛋需具备的第二个特征——油多。

吃咸鸭蛋的讲究，袁枚也有他的一套标准："黄、白兼用，不可存黄去白，使味不全，油亦走散。"即要带壳一分为二切开，蛋黄蛋白一起吃。他特别反对只吃蛋黄不吃蛋白，说这样会"使味不全，油亦走散"，也就是没吃到一个咸鸭蛋完整的味道，而且油也容易走散。我是赞成袁枚的说法的，吃咸鸭蛋我喜欢蛋黄混着蛋白一起吃，这样咸香俱备，也不浪费。不过，美食的品鉴是很个性化的，多数人只喜欢吃咸蛋黄不喜欢吃蛋白，这也没什么不妥，为什么一定要吃"全味"呢？吃最好的味道不好吗？至于油会"走散"，一切开，油难免会"走散"，但吃蛋黄再加舌头舔舔，一样可以把油吃干净。

说到高邮咸鸭蛋，袁枚还抬出一位大人物："高文端公最喜食之，席间先夹取以敬客。"这位高文端公就是与袁枚交好的文华殿大学士兼礼部尚书高晋，去世后谥号文端，所以称高文端公。据《清史稿》载，高晋，字昭德，凉州总兵高述明第四子、大学士高斌侄子、乾隆帝慧贤皇贵妃的堂兄弟。进士及第，官至文华殿大学士兼礼部尚书，治河名臣。乾隆四十三年（1778）十二月病逝，与叔父高斌同列乾隆时期著名的"五督臣"。

高晋在任安徽布政使兼江宁织造时，与袁枚交好，视袁枚为才子，对其敬重有加。《随园诗话》卷十·五五就记载了他们交往的细节：

> 乙亥年，高文端公为江宁方伯，过访随园。余上诗云："邻翁争美高轩过，上客偏怜小住佳。"亡何，巡抚皖江，将瞻园牡丹移赠随园。余谢云："忘尊偏爱山林客，赠别还分富贵花。"两诗俱以折扇书之。后戊子年，公总制两江，招饮，席间出二扇，宛然如新。余问："公何藏之久也？"公笑曰："才子之诗，敢不宝护？"余自念平日受人诗扇，不下千百，都已拉杂摧烧；而公独能爱惜如此，不觉感叹，因再作诗献。有句云："旧物尚存怜我老，爱才如此叹公难。"

说的是高晋任江宁织造时到访随园，袁枚以题诗折扇相送，不久，高晋升迁安徽巡抚，将江宁官邸的一株牡丹移赠随园，袁枚又以题诗折扇相送。后来高晋升为两江总督重回江宁，宴请袁枚时他拿出袁枚之前送他的折扇，收藏之好，就像新的一样，高晋说才子的诗要好好收藏，这令袁枚大为感动。

　　袁枚参加过高晋不少饭局，知道高晋喜欢吃高邮咸鸭蛋，子曰："己所不欲，勿施于人。"高晋宴客并为大家夹菜，夹的就是自己喜欢的高邮咸鸭蛋。袁枚在他讲鬼神、怪异的短篇小说集《子不语》里讲了一个"高相国种须"的故事：

　　　　高文端公自言年二十五作山东泗水县令时，吕道士为之相面，曰："君当贵极人臣，然须不生，官不迁。"相国自摩其颐，曰："根且未有，何况于须？"吕曰："我能种之。"是夕伺公睡熟，以笔蘸墨画颐下如星点。三日而须出矣。然笔所画，缕缕百十茎，终身不能多也。是年迁邠州牧，擢迁至总督而入相。

　　说高晋二十五岁做山东泗水县县令时，有个姓吕的道士给他"看面相"，说："你本应荣华富贵，官居极品，但你没长胡须，所以不能升官。"高晋摸着下巴，说："根都没有，哪来的胡须呢？"道士说："我能种胡须。"当夜，道士等高晋熟睡，用笔蘸上墨汁，在他的下巴上画了一些小点点，像星星一样。三天后，高晋就长出了胡须。但是，道士用笔点出的胡须，只有稀稀疏疏的一百多根，所以他的胡须后来一直没有多起来。就在那一年，高晋升为邠州知州，后来又被提升为总督，最后当了宰相。

这是一个发生在大清年间的"医美"案例，袁枚可不是瞎编的，说得有眉有眼，是"高文端公自言"，即高晋自己说的，可见两人关系之亲密。

高晋是在治河的任上去世的，袁枚在《随园诗话》里写道："后公薨于黄河工所，口吟云：'梦中还有梦，家外岂无家？'"这是高晋临终时的人生感叹：人生如梦，旧梦过后还有新梦，人生终是迷梦一场。高晋一生奔波，古稀之年被夺官留用，为治河耗尽生命最后的时光，家人离多聚少，皆因"小家"外还有一个"大家"。这一记载，使高晋的形象变得高大，可谓为大清呕心沥血，死而后已，袁枚够意思！其实高晋并没有那么"伟光正"，他在治河时也趁机捞了不少好处，不过与他的贡献相比，并不算太离谱，考虑到各种错综复杂的关系，乾隆也就睁一只眼闭一只眼了，但《清史稿》可是记了下来。

有研究《随园食单》和《随园诗话》的学者，对袁枚很是看不惯，认为袁枚常以跟某个高官交往的关系来抬高自己：一个高邮咸鸭蛋，至于把高文端公抬出来吗？这就小人之心了，讲名声，那时候袁枚并不在这些达官贵人之下，而几百年后，世人只知有袁枚，并不知有高晋，反倒是现实生活中袁枚需要这些人提供庇护。把他们写进文字里，反倒有

"媚权贵"之嫌，确有些不值得。

　　研究文学、历史，可以将心比心，但千万不要有小人之心，要全方面看问题，就如袁枚说吃腌蛋，不可存黄去白，你觉得呢？

运司糕（上）

《随园食单》里有数十位袁枚的昔日同僚好友，他们与袁枚一样都是吃货，否则甭想登上《随园食单》这"美食殿堂"。对这些好友，袁枚多以其字或号加官职尊称，可谓毕恭毕敬，但在写到"运司糕"时调子却变了，我们先看看原文：

卢雅雨作运司，年已老矣。扬州店中作糕献之，大加称赏。从此遂有"运司糕"之名。色白如雪，点胭脂，红如桃花。微糖作馅，淡而弥旨。以运司衙门前店作为佳，他店粉粗色劣。

大意是：卢雅雨当两淮盐运使时，年纪已经很大了。扬州有个开糕点店的人做了一种糕点献给他，获得他极力称赞，从此就有了"运司糕"这一名称。此糕粉白如雪，点了胭脂红如桃花，馅里的糖不多，主打清淡、美味。运司衙门前那家店做得最好，其他店用的粉粗，颜色也差。

看到了吧？对卢雅雨不称其官职，只是说他当什么官时如何如何，这与他称别人"杨明府""刘方伯""谢太守""钱观察"那份恭敬的口气完全是另一副模样。

回到运司糕本身，这运司糕也不是卢雅雨家做的，而是衙门旁边的糕点店做好了送给卢雅雨，他大加赞赏后大家以他官衔的名字命名。糕的特点，一是白如雪。关于面点如何做到白如雪，袁枚在"制馒头法"中说清楚了："面不分南北，只要罗得极细，罗筛至五次，则自然白细。"在袁枚生活的时代，小麦磨粉技术还不高，小麦的种皮、胚这些不够白的部分也不易磨碎，通过多次罗筛，把黄褐色的粗种皮和芽胚筛出来，自然就剩下又细又白的面粉；二是点的胭脂红如桃花。古代制作胭脂的主要原料为红蓝花，又名红花，原产于中亚地区，后来传到匈奴。此花色泽红润鲜美，匈奴人采之制作颜料，并用作女性的美容品，匈奴人称红蓝花生长的山为"焉支山"，这是"胭脂"名字的由来。约在汉代，红蓝花经中亚传入中国，称为"燕支"；魏晋以后，红蓝花被广泛种植，《齐民要术》中专列一篇论述红蓝花的栽培技术及胭脂的制造工艺，这种花的花瓣含有红、黄两种色素，花开之后整朵摘下，然后放在石钵中反复杵槌，淘去黄汁后即成鲜艳的红色颜料。南北朝时期，人们在这种红色颜料中又加入牛髓、猪胰等物，使其成为一种稠密润滑的脂膏，由此，"燕支"被写成"胭脂"。这些成分都是纯天然的，用于食品染色，用量极少，没有安全隐患；三是馅少糖，味道清淡但依然美味，袁枚生活的年代，"腻"才是美，淡而美这是很少见的。这里面不是少糖那么简单，应该还有其他原料作馅料，有人就用青梅和金橘配红豆沙"复刻"了这道菜。

讲完这些特点后，这道菜具体该怎么做，袁枚没讲。不过可以参考米糕的蒸法，把梗米和糯米按比例浸泡后，磨成粉，再过筛——这样蒸出的糕才细腻；再把和好的米粉包好馅，放进模具里蒸熟；至于点缀的颜色，现在不需要用胭脂了，女士们的腮红并不便宜，买个火龙果榨汁，汁水的颜色就是玫瑰色，调淡一点就是桃花色。

袁枚提到的卢雅雨即卢见曾，字澹园、抱孙，号雅雨，山东德州人。康熙六十年（1721）进士，历任洪雅知县、滦州知州、永平知府、两淮盐运使等。据《清史稿》，卢见曾"性度高廓，不拘小节"，形貌矮瘦，人称"矮卢"。学诗于王士祯，有诗名，在扬州两淮盐运使任上爱才好客，四方名士咸集，流连唱和，一时称为海内宗匠。乾隆元年（1736）卢见曾被擢升为两淮盐运使（治扬州）。因为盐灶盐池权属诉讼事，被盐商诬告，乾隆五年（1740）被革职充军发配到塞外。四年后平反，补任滦州知州。后于乾隆十八年（1753）复调两淮盐运使。乾隆二十七年（1762）致仕退休。乾隆三十三年（1768），两淮盐引案发，因收受盐商价值万余之古玩，被拘系，病死扬州狱中。

袁枚与卢见曾相交是在卢见曾第二次出任两淮盐运使时。乾隆十九年（1754），卢见曾复起重任两淮盐运使，又以文坛盟主自居，结交天下名士诗文唱酬，多次举行声势浩大的"虹桥修禊"。"禊"是古代春、秋两季为祈福和禳除灾疫而举行的祭祀，人们相约到水边沐浴、洗濯，有涤旧荡新之意，借以除灾祛邪，被称作"祓禊"；而文人相约饮酒赋诗、谈玄论理的集会，则称为"修禊"，比如王羲之那次著名的兰亭集。卢见曾邀请江南几千余名士参与和韵修禊诗，参与者除了袁枚，还有高凤翰、郑板桥、金农、边寿民等活跃于扬州的画家。袁枚作《扬州转运卢雅雨先生招游红桥集三贤祠赋诗》其一称颂卢："繁星托孤月，东海汇群潮。非公扶大雅，我辈何由遭。"称赞他是核心，没有他，包括自己在内的这些文艺青年就是一盘散沙！可见袁枚当时是欣赏卢见曾的为人的。

袁枚对卢见曾的诗也是充分肯定的，在《随园诗话》卷三·四有："卢雅雨先生与蒋萝村副宪，同谪塞外。蒋年老，虑不得归。卢戏作文生祭之。文甚谲诡。尹文端公一日谓余曰：'汝见卢《出塞集》乎'曰：'见矣。'曰：'汝最爱何诗'余未答。公曰：'汝且勿言，我猜必是《生祭蒋萝村》文。'余不觉大笑，而首肯者再。"对卢见曾的《生祭蒋萝村》，袁枚喜欢到可以倒背如流。在《随园诗话》卷二中就有："卢雅雨《塞外接家书》云：'料来狼狈原应尔，便说平安那当真。'何南园《都中寄家书》云：'每因疾病愁家远，强说平安下笔难。'"这是困顿时强说平安的佳句，可见袁枚确实欣赏卢见曾的才学。

《随园诗话》卷五·十七有："乾隆戊寅，卢雅雨转运扬州，一时名士，趋之如云。其时刘映榆侍讲掌教书院，生徒则王梦楼、金棕亭、鲍雅堂、王少陵、严冬友诸友，俱极东南之选。闻余到，各捐饩廪延饮于小全园。"袁枚是卢见曾书院的常客，每次袁枚一到，都是各种饮宴。卢见曾以文坛之首自居，各类文艺青年也投靠于他，袁枚就多次向他推荐有识之士，《随园诗话》卷五·十载："宋维藩字瑞屏，落魄扬州。卢雅雨为转运，未知其才，拒而不见。余为代呈《晓行》云：'客程无晏起，破晓跨驴行。残月忽堕水，村鸡初有声。市桥霜渐滑，野店火微明。不少幽居者，高眠梦不惊。'卢喜，赠以行资。"

袁枚不断地向卢见曾举荐寒士，两淮盐运使虽是个肥缺，但也做不了"散财童子"，卢见曾终于支撑不住，当袁枚再次向卢见曾举荐时，卢见曾极不客气地给袁枚回信说：您推荐的人太过轻浮，一看就是不成器的家伙，我劝您也别再给我举荐其他人了！

袁枚无法理解卢见曾，你广交天下名士，我给你推荐几个人，居然这么不给面子，你以为你是谁啊！于是极不客气地回信："明公居转运之名，要在转其所当转而不病商，运其所当运而不病天下。不必头会箕敛，知有商而已也，亦不必置喜怒于其间，以会计之余权，取天下士而荣辱之也。枚尝过王侯之门，不见有士；过制府、中丞之门，不见有士，偶过公门，士喁喁然以万数。岂王侯、制府、中丞之爱士皆不如公耶？抑士之昵公、敬公、师公、仰望公，果胜于王侯、制府、中丞耶？"

袁枚骂起人来也是字字诛心，他以卢见曾"转运使"这一官名逐字拆开，警告卢见曾不要吃着朝廷的官饭干着文坛的闲事，直言卢见曾所谓的文坛魁首、艺坛盟主，是因位高权重钱多，势利之徒才趋之若鹜，如今他居然嘚瑟到以个人喜好褒贬自己推荐的人才。他又以过来人的身份告诉卢见曾：我袁枚是见过世面的，我串过的王侯将相达官显贵的门多了去了，人家难道不如你爱才？不如你识货？不如你有学问？您可真是比他们都牛啊！

话说到这份上，彻底撕破脸了，友谊的小船说翻就翻。乾隆二十七年（1762），七十三岁的卢见曾告老还乡，过起了隐退生活。乾隆三十年（1765），乾隆南巡，路过德州，还亲书"德水耆英"匾额赐之。乾隆三十三年（1768），新任两淮盐政尤拨世向盐商索取贿赂未果，发起报复，上奏乾隆：从乾隆十一年（1746）起，两淮盐政等官员商定，令盐商于每张盐引多交锐银三两，以备皇帝南巡办差和历年庆典赏赐用。按每年销盐二十万引至四十万引计算，二十余年内总计多收税银一千余万两。而查阅档案，此项银两却从未上报。乾隆帝闻此深感骇异，决定深查追究历任两淮盐运使，包括当时已经还乡的两淮盐运使之一卢见曾。卢见曾被从德州逮至扬州，判斩监候，后死于狱中。

卢见曾死后，袁枚仍未解气，在《十月四日扬州吴鲁斋明府招同王梦楼侍讲蒋春农舍人金棕亭进士游平山即席有作》中写道：

鲁斋明府今何逊，高才管领扬州郡。

十月招人郭外游，风怀想见冷如秋。

一舟舣向惠因寺，满目天涯名士至。

分明此会似当年，风景虽同人事异。

红桥转出水盈盈，枫叶全丹柳半青。

金粉微销存旧色，龙华小劫动深情。

忆昔平山山最小，狐兔荒坟杂秋草。

六龙两度作宸游，丘壑经营终未好。

榷使雄心欲见才，回山倒海起楼台。

仙宫偷得钧天样，赤手擎将阆苑来。

开门烂用水衡钱，绘影传图不计年。

已把平沙成峻岭，更将斥卤变流泉。

果然人力能移地，始信湖山不属天。

銮舆一过仙香在，士女嬉游纷似海。

酒气烝为十里云，灯光散作诸天彩。

一个监司卢大夫，短身古貌白髭须。

手握牢盆能养士，算清禺笑便刊书。

海内诗人半贫者，一时麇至推风雅。

争学彭宣拜后堂，甘为夫差作前马。

夷门大会捧珠盘，从此红桥酒不干。

自道欧苏真再世，三贤祠内屡凭栏。

旗亭雪满新裁曲，上巳风和共采兰。

二分明月笙歌易，一片怜才意思难。

功成身退称知足，谁道危机有倚伏。

度支册上奏王章，例竟门前来鬼朴。

圣朝不忍下欧刀，盘水厘缨恩已渥。

潘岳闲居竟不终，褚渊高寿真非福。

一夕清霜万瓦飘，巢倾卵覆不终朝。

窟营转觉冯欢拙，金散方知疏广高。

今朝酒客还盈座，曾受恩人有几个。

晁错方闻东市行，羊昙偏向西州过。

149

叹息沧桑自古同，河山如梦酒垆空。

主人也是多情者，清泪齐弹渡口风。

"一个监司卢大夫"，这已经是指名道姓，"一夕清霜万瓦飘，巢倾卵覆不终朝"，尽是嘲讽。卢见曾啊，你谁都可以得罪，怎么得罪起袁枚来了？

只能说袁枚也是个脾气不小的人，他在写"运司糕"时，当然不会对卢见曾有太多好感，至于没有把"运司糕"写成"运尸糕"，已算情绪控制得好了。

运司糕（中）

　　中国自古就有将名人相提并论的习俗，"南袁北纪"是公认的清朝最出色的文人组合，"南袁"指的是袁枚，"北纪"说的是纪昀。他们是同时代人，袁枚生于康熙五十五年（1716），卒于嘉庆二年（1797），享年八十二岁。纪昀生于雍正二年（1724），卒于嘉庆十年（1805），享年也是八十二岁。二位同朝为官，却并无交集，"运司糕"的主人卢见曾是他们共同的朋友，本来有机会让他们认识，但很可惜，袁枚后来与卢见曾翻脸，这个机会也就错失了。

　　纪昀，字晓岚，晚号石云，道号观弈道人，直隶献县（今河北沧州市）人。纪晓岚儿时聪颖，四岁开始启蒙读书，十一岁随父入京，读书于生云精舍，二十一岁中秀才，二十四岁应顺天府乡试，为解元。乾隆三十三年（1768），授贵州都匀知府，未及赴任，即以四品服留任，擢为侍读学士。同年，因坐卢见曾盐务案，谪乌鲁木齐佐助军务。后被召还，历官左都御史，兵部、礼部尚书，协办大学士加太子太保管国子监事致仕，曾任《四库全书》总纂修官。

卢见曾的孙子卢荫文是纪晓岚的女婿，卢见曾与纪晓岚可算是亲家。两淮盐引案发，纪晓岚当时做侍读学士，在皇帝身边工作，他听到卢见曾将被拘捕审查的消息后，想通风报信，但又不敢直接写信或传话过去，聪明的纪晓岚想出了一个绝妙的办法：将一小撮茶叶和盐装在一个空白信封里，然后急遣心腹仆人送到卢府。卢见曾心领神会，这不是"查（茶）盐亏空（空信）"吗！于是急忙将家中的资财转移出去，等到朝廷来抄家的时候，史料记载"查抄卢见曾家产，仅有钱数十千，并无金银首饰，即衣物亦甚无几"。

这是乾隆皇帝亲自指挥、亲自部署的"打虎"行动，卢见曾在两淮盐运使上经营多年，再如何廉洁自律，这个肥差也不应只有这点积蓄，肯定是有人通风报信。和珅一直盯着这个案子，经过秘密调查，把嫌疑人锁定在纪晓岚身上，于是将纪晓岚软禁，予以彻查，但除了送信人的证词之外，没有任何书面证据。乾隆皇帝看了和珅的调查报告后，直接召见纪晓岚，指责他故意泄密，纪晓岚只得坦白交代。为什么纪晓岚会坦白交代，此事他在《阅微草堂笔记》卷七"如是我闻一"做了详述：

又，戊子秋，余以漏言获谴，狱颇急，日以一军官伴守。一董姓军官云能拆字。余书"董"字使拆。董曰："公远戍矣。是千里万里也。"余又书"名"字。董曰："下为'口'字，上为'外'字偏旁，是口外矣。日在西为'夕'，其西域乎？"问："将来得归否?"曰:"字形类'君',亦类'召',必赐环也。"问:"在何年?"曰:"'口'为'四'字之外围,而中缺两笔,其不足四年乎?今年戊子,至四年为辛卯,'夕'字'卯'之偏旁,亦相合也。"果从军乌鲁木齐,以辛卯六月还京。盖精神所动,鬼神通之;气机所萌,形象兆之。与揲蓍灼龟,事同一理,似神异而非神异也。

大意是说自己因泄漏消息而获罪,案情很严重,每天都有军官看守。其中一个姓董的军官说能拆字算卦,于是写了一个"董"字让他拆。他说:"您将被发配远方了。这'董'字是千里万里的意思呵。"纪晓岚又写了一个"名"字。对方说:"下边是'口'字,上边是'外'字偏旁,这次发配是在口外。'夕'字又是太阳偏西的意思,莫非是西域?"我问:"将来能回来吗?"军官又说:"'名'字与'君'字相像,也像'召'字,一定会让您回来的。"纪晓岚问:"在哪一年?"他说:"'口'字是'四'字的外围,而中间缺少两笔,大概不到四年就会回还吧?今年是乾隆戊子年,四年后为辛卯年,'夕'字是'卯'字的偏旁,也相合。"果然,纪晓岚从军乌鲁木齐,在辛卯年六月还京。据此他认为大概精神有所动,鬼神便相通;气机萌发,面相便有了预兆。这与分蓍草、烧龟甲以定凶吉的道理一样,看起来神秘其实并不神秘。

按《大清律例·吏律》的有关条文规定,近侍官员漏泄密事当斩首。绝顶聪明的纪晓岚当然会权衡利弊,如果仅仅是戍边三年,已经是难得的宽赦了,若再不招,一旦案情查明,到时真的只有死路一条了。

于是向乾隆皇帝坦白，并谢罪说；"皇上严于执法，合乎天理之大公，臣倦倦私情，犹蹈人伦之陋习。"话虽不多，但说得十分得体，乾隆皇帝念他才学难得，在内廷走动多年，一直忠心耿耿，又考虑到他认罪态度好，便在案卷上批示："纪昀从轻谪戍乌鲁木齐。"过了两年，乾隆一道圣旨把纪晓岚召回，官复原职，让他负责《四库全书》的编纂工作，从此仕途顺畅，几度随驾外出巡视，最后以礼部尚书、协办大学士，加太子少保衔的高官显爵，成为乾隆信得过的宠臣，这是后话。而卢见曾则被判斩监候，死在了牢里。三年后，大学士刘统勋为军机大臣，力排众议，将卢见曾在两淮盐运使任职期间所有账目查了个透，最后证明卢见曾并没有贪污，为他平反昭雪。

袁枚是大美食家，吃货中的翘楚，爱吃会吃，《随园食单》更是奠定了他一代美食宗主的地位，而纪晓岚在当时也被认为会吃会玩，而且与众不同，《清朝野史大观》说他："平生不谷食面或偶尔食之，米则未曾上口也。饮时只猪肉一盘，熬茶一壶耳。"更有甚者，清朝的采蘅子在其《虫鸣漫录》卷二说："纪文达公自言乃野怪转身，以肉为饭，无粒米入口，日御数女。五鼓如朝一次，归寓一次，午间一次，薄暮一次，临卧一次。不可缺者。此外乘兴而幸者，亦往往而有。"

这是个光吃肉不吃米饭、偶尔吃点面的"美食家"，一天五次性生活，只对肉和女人感兴趣，对运司糕应该也没有什么兴趣。就是这样一个生活极不健康的人，却与袁枚一样也活了八十二岁，这足以把众多养生专家气死。

运司糕（下）

对袁枚来说，面子比什么都重要，与卢见曾交恶，就是因为卢不给他面子。但为什么运司糕还会出现在《随园食单》中呢？我猜测原因有二，一是运司糕确实好吃，二是运司糕给他带来了别样的回忆，比如与"扬州八怪"之一的郑板桥之间的友情。

郑板桥，原名郑燮，字克柔，号理庵，又号板桥，江苏泰州兴化人，祖籍苏州，康熙五十五年（1716）秀才，雍正十年（1732）举人，乾隆元年（1736）进士，历任山东范县、潍县县令，政绩显著，后客居扬州，以卖画为生，为"扬州八怪"重要代表人物。《随园诗话》卷九·七四载：

> 兴化郑板桥作宰山东，与余从未识面；有误传余死者，板桥大哭，以足蹋地。余闻而感焉。后廿年，与余相见于卢雅雨席间。板

155

桥言："天下虽大，人才屈指不过数人。"余故赠诗云："闻死误抛千点泪，论才不觉九州宽。"

说的是郑板桥在山东为官时与袁枚还不认识，人们误传袁枚不幸落马摔死了，郑板桥听到消息十分悲伤，还为他哭了一场，这是说郑板桥十分欣赏袁枚。等到相见，郑板桥说全天下算得上人才的也就只有几个人，言下之意，认为自己和袁枚是天下少有之才。这让人想起成语"才高八斗"的出处：谢灵运曾说过："天下才共一石，曹子建独得八斗，我得一斗，自古及今共用一斗。"郑板桥一向孤傲，这种话他说得出口。

有人认为袁枚是借郑板桥之口夸自己，这就看小袁枚了，文人间的互相吹捧，有时是很夸张的。乾隆二十八年（1763），卢见曾邀集诸名士于倚虹园集会，袁枚第一次见到了郑板桥，那时郑板桥七十一岁，袁枚四十八岁，可谓相见恨晚。袁枚写了一首诗献给郑板桥，诗名就叫《投郑板桥明府》：

郑虔三绝闻名久，相见邗江意倍欢。遇晚共怜双鬓短，才难不觉九州宽。红桥酒影风灯乱，山左官声竹马寒。底事误传坡老死，费君老泪竟虚弹。

明府，是对县令的尊称，郑板桥当过县令，所以袁枚尊称其为明府。袁枚首先赞赏郑板桥拥有诗书画"三绝"，此次群英聚会于扬州的邗江，实属机遇难得，自己终于可以有幸得到先生的赐教，很是高兴。

接着袁枚捎带上自己吹捧起两人的才情：我们相见恨晚，见面时都已"双鬓短"，我们的才能非同一般，以至于与之相比，九州之地都显得不够宽广。接着袁枚继续夸郑板桥，说我们现在应卢雅雨的红桥修禊之邀，大家畅所欲言、各显风流，窗外寒风凛冽，屋里灯火通明，这让我联想到你曾在山左（即山东）担任县令时的艰难处境，你的官声很好，生活俭朴，令人尊敬。最后袁枚借用有人误传苏轼在黄州去世，在汴京的范镇听说后大哭一场这一典故，感激郑板桥对自己的一往情深。

郑板桥也马上赋诗一首，袁枚比他小，诗名用"投"，有投就有报，郑板桥是老大哥，诗名用的是《赠袁枚》：

> 晨星断雁几文人，错落江河湖海滨。抹去春秋自花实，逼来霜雪更枯筠。女称绝色邻夸艳，君有奇才我不贫。不买明珠买明镜，爱他光怪是先秦。

首先说天下的文人骚客，就像晨星一样光彩夺目，也如离群的孤雁那样孤独，错落分布于五湖四海，言下之意，与袁枚相见恨晚。接着称赞袁枚的文采，就像春华秋实，既有华丽的文辞，也有发人深省的内涵；虽经历宦途沉浮、人生坎坷，却更坚韧顽强和出类拔萃，就像历尽风雨摧残的翠竹，气节高尚。你袁枚有奇才，有你这样的朋友，精神生活一点也不会贫乏。最后，郑板桥也借用了春秋时期"弥子分桃"的典故（相传卫灵公的男宠弥子在园中摘了一个桃子吃，他吃了一半，觉得味道不错，就将剩下的一半递给卫灵公，旁边的侍卫看了都目瞪口呆）。

借此表达：有你这么一个有才情的朋友，我还需要再找有才情的人吗？

初次相见，两人惺惺相惜，这再正常不过，但是他们之间也不是只有吹捧，互指对方不足也让后人难以理解。

袁枚在《随园诗话》卷九·七四就说："板桥深于时文，工画，诗非所长。佳句云：'月来满地水，云起一天山。''五更上马披风露，晓月随人出树林。''奴藏去志神先沮，鹤有饥容羽不修。'皆可诵也。"说写诗虽不是郑板桥的强项，但他的诗里仍有不少佳句。有人认为这个评价是袁枚在故意贬低郑板桥，其实不然，现在学术界就不觉得郑板桥的诗有多么高的成就，袁枚只是说了大实话。郑板桥听说袁枚如此评价自己，当然也不是特别舒服，对此他曾在跟朋友伊福纳的信中作了回应："至谓板桥不会作诗，我不愿辩；若云深于时文，一深字谈何容易，则我岂敢当之……板桥何人，而能领此一深字乎，袁枚之言，雅不愿闻。"言语之间，有些许不快，但反应不是太大。

郑板桥欣赏袁枚不假，但当他读了袁枚的《子不语》，觉得不对自己的胃口，也直接开骂，在《寄杭大宗》中说："余展而观之，一卷未终，恶心欲呕，头脑昏昏然，肚复亨亨然，隔宿之饭，几至夺喉而出。是何恶札，害人至于如是！深悔当时未暇辨别，遽展其卷，孟浪，孟浪……以我猜想，袁枚近来不是患了失心，定是害成痴病。"有人认为这是郑板桥对袁枚说他的诗不怎么样的反讥，这也是对郑板桥的误解。郑板桥是一个很率真的人，他欣赏袁枚是真，但欣赏一个人不等于肯定他的所有，袁枚的《子不语》讲各种道听途说的鬼故事，在文字狱盛行的年代，这是袁枚的另一种表达形式，郑板桥不欣赏，这也很正常，直接批判，这才是率真的郑板桥本尊。

《随园诗话》卷六·三十载：郑板桥爱徐青藤诗，尝刻一印云："徐青藤门下走狗郑燮。"有人认为这是袁枚编故事骂郑板桥是"走狗"，这也是对袁枚的误读。袁枚是在说郑板桥很率真，喜欢一个人到愿意做他的"走狗"的地步，根本没有贬意。再说了，此事确有其事，袁枚没有瞎编，郑板桥与他的朋友无方和尚还曾讨论过这问题，无方和尚认为"走狗"一词也太不雅了。郑板桥回答："燮平生最爱徐青藤诗，兼爱其画，因爱之极，乃自治一印曰'徐青藤门下走狗郑燮'。印文是实，走狗尚虚，此心犹觉慊然！使燮早生百十年，而投身于青藤先生之门下，观其豪行雄举，长吟狂饮，即真为走狗而亦乐焉。"郑板桥为能当徐渭的"走狗"而乐，怎么能说袁枚诋毁郑板桥呢？

有意思的是，袁枚在《随园诗话》卷九·七四还"揭露"了郑板桥的一个秘密："板桥多外宠，尝言欲改律文笞臀为笞背，闻者笑之。"这里的"外宠"指郑板桥好男色。男外女内是中国的传统观念，外宠就成为男性受宠者的代称。明清时期，这一概念具有比较特定的含义。这事也不是造谣，郑板桥曾在文中亲自感叹过："刑律中之笞臀，实属不通之极。人身上用刑之处亦多，何必定要责打此处……堆雪之臀、肥鹅之股，为全身最佳最美之处，我见犹怜，其心何忍！……人身上何处不可打，而必打此臀，始作俑者，其无后乎！……若改笞臀为笞背，当为天下男子馨香而祝之！"袁枚这是说郑板桥好男风，有思改律文变"笞臀"为"笞背"之说。而袁枚说"闻者笑之"，其中"笑"不是耻笑，是将其当成笑谈，明清时期，文人蓄养娈童之事颇为常见，他人也只称其为名士风流。

郑板桥这一癖好，与袁枚如出一辙，清人蒋敦复《随园轶事》中载："先生好男色，如桂官、华官、曹玉田辈，不一而足。而有名金凤者，其最昵爱也，先生出门必与凤俱。"袁枚自己也讲了一个京师名伶许云亭情系于他的故事："乾隆己未，京师伶人许云亭名冠一时。群翰林慕之，纠金演剧。余虽年少，而敝车羸马，无足动许者。许流目送笑，若将昵焉。余心疑之，未敢问也。次日侵晨，竟叩门而至，情款绸缪。余喜过望，赠诗云：'笙清簧暖小排当，绝代飞琼最擅场。底事一泓秋水剪，曲终人反顾周郎？'"喜好如此相同，袁枚怎么会嘲笑郑板桥呢？

总体上讲，卢见曾是个好人，袁枚通过卢见曾的平台，进一步彰显了文名，两人最后交恶，令人扼腕，幸好还有运司糕。

孔藩台家的薄饼

袁枚称赞江苏布政使陶易家的陶方伯十景点心，引用江南河道总督萨载的评语："吃陶方伯十景点心，而天下之点心可废。"这句"天花板式"的评价前面还有一句："吃孔方伯家薄饼，而天下之薄饼可废。"这可不得了，相当于说孔方伯家薄饼天下第一。这个薄饼，袁枚在《随园食单》中也专列了一条做介绍：

> 山东孔藩台家制薄饼，薄若蝉翼，大若茶盘，柔腻绝伦。家人如其法为之，卒不能及，不知何故。秦人制小锡罐，装饼三十张，每客一罐，饼小如柑，罐有盖，可以贮。馅用炒肉丝，其细如发，葱亦如之。猪、羊并用，号曰"西饼"。

我们现在将扁圆形的面制食品称为"饼"，可在古代，面食皆以

"饼"称之，如面条就被称为"汤饼"，而有馅的饼则被称为"餤"，这个习惯至迟在明朝时还是如此，明朝冯梦龙《东周列国志》第四十五回就有："晋兵四下围裹将来，如馒头一般，把秦家兵将，做个餤子，一个个束手就擒。"但到了大清，"饼"的意思已经与今天没有什么不同，康熙朝的南康知府张自烈在《正字通》里就有"唐赐进士有红绫餤，南唐有玲珑餤，皆饼也"。

在物质匮乏的年代，把面粉做成饼这已经有点高级，饼里还有肉馅，这已经是奢侈了，而孔藩台家的馅饼居然精致到如此地步：一是薄，"薄若蝉翼"；二是大，"大若茶盘"；三是既柔且细腻，"柔腻绝伦"。袁枚还透露了一个信息：那时候陕西已经用锡罐装薄饼，便于贮存。至于馅料，就是肉丝炒葱丝，这其中讲究之处有二，一是羊肉丝混猪肉丝，味道更加丰富；二是肉丝与葱丝都切得很细，"其细如发"，为了使其与"柔腻绝伦"的薄饼形成协同效应，口感更细腻。试想一下，如果肉丝、葱丝粗糙无比，即使薄饼烙得再柔软细腻，那不是瞎子点灯——白费蜡吗？肉丝、葱丝切细这倒不难，难的是这薄饼如何能做到"薄若蝉翼，大若茶盘，柔腻绝伦"？袁枚让家里的厨师去孔蕃台家"抄作业"，但就是差那么一点，"如其法为之，卒不能及，不知何故"。袁枚至死都不知其中什么原因，还能有什么原因？留一手，不全告诉你呗！

这个孔藩台就是袁枚的同科进士、江宁布政使孔传炯，号南溪，山东汶上人，也有说是兖州府曲阜县人。据《苏州府志》，孔传炯三任苏州知府，后历任江宁按察使，福建布政使，乾隆四十三年（1778）任江宁布政使。袁枚写《随园食单》时，孙传炯已官至布政使，掌管一省的财赋与民政，又简移藩台、藩司，所以袁枚称他为"孔藩台"，但两人的频繁交往，应该是孔传炯还在苏州太守任上时。袁枚在《小仓山房诗文集》里有《与孔南溪太守书》，记述了袁枚五十九岁、孔南溪六十二岁时在苏州相见和离别的情景："仆在苏二十余日，凡六见阁下。每见，则牵裾而不忍别，置精馔以款之，选笙歌以乐之，分清俸以惠之，忍老泪以送之。"

二十多天就聚了六次，每次都是好酒好菜，有人载歌载舞，离别时孔传炯还"分清俸以惠之"，就是把工资分了一些给袁枚；"忍老泪以送之"，"牵裾而不忍别"，两个老男人的友情到了如此难舍难分的地步，关系非同一般。

二人关系好到什么程度？《随园诗话》卷九·三三讲了一个袁枚用诗救妓女的故事。说的是孔传炯在苏州太守任上时，风骨冷峭，权贵都不敢和他妄攀交情。青楼女子金蕊仙因有事犯法，一时和她交往的人都无法为她求情，于是就派人到南京找袁枚，求袁枚向孔传炯说情。袁枚与这青楼女子其实只有一面之交，但一向怜香惜玉的袁枚还是给孔传炯写了一封信，述及对这女子如何欣赏，末了又引用唐朝元稹的诗："寄语东风好抬举，夜来曾有凤凰栖。"意思是你还是饶了她吧，看在我跟她有交情的份上。

孔传炯收到袁枚的信后的确把这青楼女子放了，并给袁枚回了信："凤鸟曾栖之树，托抬举于东风；惟有当作召公之甘棠，勿剪勿伐而已。"孔传炯以诗还诗，他引用《诗经·召南·甘棠》："蔽芾甘棠，勿剪勿伐，召伯所茇。"说的是西周时召公协助申伯治理申地，只在棠梨树下停车驻马、听讼决狱、搭棚过夜，体恤百姓疾苦，不扰民，一心一意为民众排忧释纷，后人作诗怀念他，说棠梨树是召公住过的，所以不要剪枝不要砍伐。孔传炘意思是说：既然她跟你有交情，就如召公住过棠梨树下，我就不惩罚她了。

《随园诗话》卷七·七二又载："乙未冬，余在苏州太守孔南溪同年席上，谈久夜深。余屡欲起，而孔苦留不已，曰：'小坐强于去后书。'予为黯然，问是何人之作。曰：任进士大椿《别友》诗也，首句云：'无言便是别时泪'。"

乙未，指乾隆四十年（1775），这一年袁枚六十岁，孔传炘六十三岁，还在苏州太守任上，两人聊至深夜，袁枚想走了，孔传炘说再坐一会儿吧，还引用他们俩的同科进士任陈晋之孙任大椿的诗《别友》中的两句："无言便是别时泪，小坐强于去后书。"大概是说两个老友就要分别了，虽然不说话，但沉默也如同分别时流下的泪水啊！就再坐一会儿吧？这不比你回去以后写信强吗？

袁枚有好多诗为孔传炘而作，读来令人动容。两人既然好到这个地步，孔传炘怎么可能在如何烙薄饼这件小事上留一手呢？真正的原因就是：孔藩台告诉厨师，把如何做薄饼传授给袁枚的厨师，但孔家厨师表面答应，却留了一手！

"教会徒弟，饿死师傅。"这是厨房的古训，对厨房来讲，厨艺就是核心竞争力，用来"卡脖子"的，怎么能够随便传授？这个道理，古往今来皆适用！

春圃方伯萝卜饼

萝卜青菜，各有所爱。萝卜作为大众化的蔬菜一向广受欢迎，在《随园食单》中频频出现，"杂素菜单"中有"猪油煮萝卜"，用料除了主角萝卜，还有猪油、虾米，烹饪方法是炒；"小菜单"中有"萝卜"，即萝卜酱，有用酱油腌的，有用陈醋腌的；在"点心单"里有"萝卜汤圆"，这一条其实说了萝卜饼和萝卜汤圆两道菜，我们看看袁枚怎么说这两道菜：

> 萝卜刨丝滚熟，去臭气，微干，加葱、酱拌之，放粉团中作馅，再用麻油灼之。汤滚亦可。春圃方伯家制萝卜饼，扣儿学会，可照此法作韭菜饼、野鸡饼试之。

就是先把萝卜刨成丝、煮熟，捞出挤出水后，加葱和酱料拌匀，再用糯米粉加水做成面团，将萝卜丝包进面团里后用手轻轻压成饼状，最后用麻油煎熟。此为萝卜饼。如果包好后不用手压，直接用水煮熟，便是萝卜汤圆。

做这道菜，袁枚强调要"去臭气"，这个"臭气"出自带一点辛辣的萝卜酵素，这种酵素会形成挥发性的芥子油。萝卜酵素大多位于表皮，去皮可缓和辛辣，切丝再煮是让酵素失去活性，把辛辣味减至最低并带来甜味。萝卜芥子油的味蕾体验不太好，但能促进胃肠蠕动，增加食欲，帮助消化，也夹带着不雅的后果——打嗝和放屁。比袁枚稍早且为袁枚所不屑的另一美食家李渔在《闲情偶寄》中还有这样的描述：

> 生萝卜切丝作小菜，伴以醋及他物，用之下粥最宜。但恨其食后打嗳，嗳必秽气。予尝受此厄于人，知人之厌我，亦若是也，故亦欲绝而弗食。然见此物大异葱蒜，生则臭，熟则不臭，是与初见似小人，而卒为君子者等也。虽有微过，亦当恕之，仍食勿禁。

"打嗳"，就是打嗝，在对萝卜缺点的认识上，李渔和袁枚是一致的，不过袁枚找到了解决办法：切丝、煮熟、挤干，而且做成萝卜饼和萝卜汤圆，这是平常少见的方法，的确不错！

关于这个方法，袁枚说："春圃方伯家制萝卜饼，扣儿学会，可照此法作韭菜饼、野鸡饼试之。"即是在春圃方伯家学会的，而扣儿是袁枚家里的白案厨师，负责做各种点心，不仅学会了，还举一反三，做出了韭菜饼和野鸡饼。

这道菜的主人春圃方伯是谁？在《随园食单》中，袁枚一般将布政使称为"方伯"，这个春圃方伯就是袁枚的堂弟袁鉴，字春圃，号行素居易主人，时任江宁布政使。与袁枚一样，袁鉴也是自小就饱读诗书，乾隆二十二年（1757）中二甲第七名进士，授编修。乾隆四十五年（1780）迁湖南按察使，后湖南、安徽按察使对调。后来，袁鉴又因事被责罚降职，由福建兴泉永道迁江苏按察使，因原籍五百里内回避，调山西按察使。乾隆五十一年（1786）三月任江宁布政使。

袁鉴倒是想在官场上好好干一番，但不太顺利，乾隆五十二年（1787）二月，袁鉴因为虚报采买硫磺硝石开支事发被查，乾隆上谕："袁鉴系屡经获罪之人。朕弃瑕录用，擢任藩司。不思感激奋勉，其办事荒唐舛谬若此，断不足以胜藩司之任，亦不值再交部议。袁鉴著即行离任，其江宁布政使员缺，著王兆棠补授。所遗江苏按察使员缺，著康基田补授。成汝舟著补授淮徐道，其江宁府知府员缺，即著袁鉴降补。仍革职留任，俟八年无过，方准开复。所有查出各营短缺硝磺，著袁鉴按照价值十倍罚赔，以示惩儆。此乃朕格外加恩，从宽办理。若为诛心之论，则袁鉴获罪甚重，岂尚能复邀录用耶。袁鉴益当感愧图报，痛改前非，以观后效。"这次袁鉴从江宁布政使降为江宁知府，从乾隆的上谕看，袁鉴被降职已不止一次，上一次是从安徽按察使降为福建兴泉永道道员，好不容易复用为江苏按察使、山西按察使，这次混到从二品江宁布政使，却又被打回到三品江宁知府上，这道萝卜饼应该就是在这个时候与袁枚同在江宁时传给袁枚的。

袁鉴做官一般，但诗写得极好，得到袁枚的肯定。《随园诗话》卷五·一就说：

> 余春圃、香亭两弟，诗皆绝妙。而一累于官，一累于画，皆未尽其才。春圃有《扬州虹桥》二律云："出郭聊为汗漫游，虹桥晓放木兰舟。芰荷香气宜初日，鸥鹭情怀赴早秋。自喜琴尊今雨共，敢夸风雅昔贤俦。盈盈绿水依依柳，暂拟名园作小留。""雁落平沙古调稀，冰弦声彻树间扉。荷亭避暑茶烟扬，竹院寻僧木叶飞。山雨暗移游客舫，水风凉上酒人衣。林鸦栎马都喧散，宾从传呵子夜归。"又："山堂胜迹先贤重，莲界慈云大士尊。"皆佳句也。

炎炎夏日，高温持续之时，我们现在有冷饮和空调，古人则没有这么便利，即便权贵们有冰镇之物，但也非常有限。对文人来说，作诗、抄经、鉴定、酬答、录古、集联、临帖、写扇、刻印则是他们的消夏良方，可谓"心静自然凉"。

袁鉴这两首诗就是极佳的消暑诗，第一首大意是：走出城郭漫游出了一身汗，早晨在虹桥边将木兰舟放下。菱和荷的香气随着初升的太阳飘散，鸥鹭满怀希望奔向初秋。自我陶醉和新朋旧友一起喝酒，敢于向往昔的贤辈夸耀风雅。绿水盈盈柳树依依，暂且到名园小坐一阵。

第二首也有意思，大意是：雁落平沙这样的古调稀稀拉拉，冰弦的琴声响彻树间的门扉。在荷花亭下避暑欣赏茶香飘扬，在竹院里寻找僧人，迎着纷飞的树叶。山雨不知不觉移向游人的客舫，水面的凉风吹在喝酒人的衣服上。林间的乌鸦、厩枥的马匹随着喧哗散去，宾客随从相互"传呵"着在子夜里回家。

有酒、有诗，还有萝卜饼，别说炎夏过不去，即便再复杂的官场，只要不刻意追求，也可以把日子过下去，偶尔打个嗝、放个屁，就当吃萝卜的后遗症。世上没有免费的午餐，这道理不独适用于吃萝卜，真要潇洒，就学袁枚辞官不干，认认真真把萝卜刨丝煮熟，做好萝卜饼。

张荷塘明府家的天然饼

袁枚生活的时代，菜系的划分似乎还未达成共识，《随园食单》里就没有菜系的概念，但各地不同美食还是有着明显的差异，比如同一道美食袁枚到广东吃到的，就与南京厨师做的有所不同。又比如孔蕃台薄饼和陶方伯十景点心，孔传炯和陶易都是山东人，因而这两道点心一看就是山东菜风格，而下面这道"天然饼"，就应该归入陕西菜的名下，我们看原文怎么说：

> 泾阳张荷塘明府家制天然饼，用上白飞面，加微糖及脂油为酥，随意搦成饼样，如碗大，不拘方圆，厚二分许。用洁净小鹅子石，衬而煨之，随其自为凹凸，色半黄便起，松美异常。或用盐亦可。

做法大概是：用上等白面粉，加少量糖和猪油起酥，捏成碗口大小的饼状，厚约两分，用平底锅装上洁净的小块鹅卵石，饼放在鹅卵石上面，用火烘烤，饼的形状随着鹅卵石表面的凹凸而呈现自然起伏，颜色半黄时便可起锅。这是甜口的，用盐代替糖也可以，这样制成是咸口的。

陕西、山西等面食盛行地区的朋友一眼就能看出来，这不就是"石头饼"吗？有的地方也称其为石子馍、干饼。这种利用石头传导热量的烹饪方式是曾经流行于远古时代的石烹的遗风，在还没有锅的年代，烧烤是人类的主要烹饪方式。肉可以烧烤，而谷物放在火上烧就给烧坏了，把石头烧热，再把谷物放在石头上加热，这是古人的智慧。《礼记·礼运》就有："其燔黍捭肠人。污尊而抔饮燔黍，以黍米加于烧石之上，燔之使熟之。""擘析肠肉加工于烧石之上而熟之也。"尽管后来铁锅等工具出现了，通过铁锅直接传导热量更直接，但石烹的方法在某些地方依旧保留着，比如石头饼，在袁枚生活的时代也叫天然饼。这种更原始的烹饪方式制作的食物，确实也更天然。

这道菜的关键袁枚也指出来了——色半黄便起，即看到饼的颜色呈半黄时就要拿出来，这是因为面粉里有糖和猪油，经由石头传热，发生了美拉德反应，面粉和糖都是羰基化合物，石头传热时发生聚合、缩合等反应，最终生成棕色甚至是棕黑色的大分子物质类黑精，这就是饼颜色变黄的原因。除产生类黑精外，这种反应还会生成还原酮、醛类和杂环化合物，为饼带来芳香的风味。面粉里还有猪油，不仅有起酥的作用，还能使加热后的高温被淀粉包住，不容易退散。虽然饼从石头上拿了下来，但实际上还在持续加热。如果不及时从石头上拿下来，天然饼就会从黄色变成黑色，那是淀粉加热过度导致炭化，变苦了。天然饼烤至半黄取出，用余温继续加热，等到温度降至可以吃时，饼的味道也恰到好处。

现代人做这道菜就简单了，直接用烤箱就可以很轻松地控制温度：将洗干净擦了油的鹅卵石码入烤盘中，放到二百度的烤箱中烤二十分钟；用勺子将石子取出一半，将烤盘里的石子抹平，把面饼放在石子上面；再将取出的另一半石子覆盖在面饼上面，用小铲子轻轻地压一压，放入二百度的烤箱中再烤十分钟就可以了。

袁枚说这个饼"松美异常"，可别信他，按他的配方就是面粉、糖和猪油，当然应该还有水，如此这般操作，出来的饼不可能"松"，而是硬邦邦的一块。他老人家后面省略了太多配料和步骤，我来替他完善：除了面粉、糖和油，还应该加小苏打或酵母，加水揉成光滑的面团，在室温静置三十分钟后，放入冰箱冷藏四个小时。如果想快，那就不放入冰箱，室温环境下让面团发酵；要更快些，和面时可以加温水，总之让面团发酵到体积增加一倍就可以。经过合适的温度和时间发酵，小苏打和酵母会产生二氧化碳，这才是"松"的关键。还可以根据自己的口味偏好做加法，比如加鸡蛋，那会产生蛋香；加芝麻，会有芝麻香；有的地方还给饼包了馅，那就更加丰富了。

石子馍流行于陕西和山西，但却因袁枚的推广，披上了"泾阳"名号，盖因袁枚吃这道菜是在"泾阳张荷塘明府家"。这位张荷塘就是张五典，字叙百，号荷塘，陕西泾阳人，乾隆二十五年（1760）举人，在晋北、湖南攸县、上元等地任知县二十余年。《随园诗话》补遗卷三·六载："乾隆庚戌，金陵风雅，于斯为盛。吾乡孙补山宫保为总督，沧州李宁圃翰林为知府，泾阳张荷塘孝廉宰上元，辽州王柏崖廪生为典史，西江陶莹明经为茶引所大使，盱眙毛俟园孝廉为上元广文，随园唱和，殆无虚日。"乾隆五十五年（1790），这时袁枚已经四十七岁，看来张荷塘就是在这时以地方官身份陪伴着袁枚，此时袁枚的《随园食单》也进入了最后的编辑阶段，老人家这时吃到天然饼，真是"新鲜滚热辣"，就写进了《随园食单》里。

张荷塘工诗，兼善山水画，与姚鼐、袁枚等俱是朋友，著《荷塘诗集》十六卷。别看他官小，但也绝对算得上好的父母官。史载他在代理徐州知县时，不要百姓掏一分钱，拨款修理洪河故道。江苏举行乡试时，考场被洪水淹没，他自掏腰包给考生置办了椅子达万张之多。袁枚欣赏张荷塘的为人，也欣赏他的诗，《随园诗话》记载过张荷塘为人改诗的故事：

> 己酉夏间，鳌静夫图明府与张荷塘过访随园，蒙见赠云："太史藏书地，因山得一园，西风吹蜡屐，凉雨叩蓬门。霜重枫将老，秋酣菊已繁。十年荒旧学，诗律待深论。"此诗虽成，逾年不寄。直至鳌公调任金山，余过松江，舟中相晤，方出以相示。予问："何不早寄？"曰："荷塘道不佳。"余笑曰："此诗通首清老，一气卷舒，不求工于字句间。古大家往往有之，颇可存也。想荷塘引《春秋》之义，必欲责备贤者，诱出君惊人之句耶？"彼此鞭然。

鳌第三句是"西风吹倦客"。荷塘道:"'倦'字对不过'蓬'字。"为改作"西风蜡山屐"。余道;"'蜡'字又与'风'字不相联贯,不如改'西风吹蜡屐',益觉清老也。"

大意是:己酉年夏天,鳌图县令与张荷塘过来访问随园,袁枚获其赠诗。此诗虽然写成,过了一年多不寄给袁枚。直到鳌图公调往金山上任,袁枚过松江去,与他在船上相见,才拿出来给袁枚看。袁枚问他:"为什么不早早寄给我?"他说:"张荷塘说诗不是太好。"袁枚笑道:"这诗通篇清雅老到,一气呵成,张弛有度,不是力求工整在字字句句上。古时候的诗词大家往往这样做,很值得保存啊。我想张荷塘是援引《春秋》的主意,一定是想用责备贤者的方式,诱使你造出惊人的诗句吧?"彼此赧然而笑。鳌图第三句是"西风吹倦客"。张荷塘道:"'倦'字对不过'蓬'字。"为他改作"西风蜡山屐"。袁枚认为"'蜡'字又与'风'字不相联贯,不如改为'西风吹蜡屐',更觉得清雅老到啊"。

与袁枚唱和的诗人多,而能与袁枚字斟句酌的可不多,可见步入晚年的袁枚对张荷塘有多喜欢。张荷塘曾经因打手下板子而被弹劾停职,后来官复原职,袁枚作了一首诗相赠,题目就叫《上元张荷塘明府以杖职员被劾奉旨还官感而有赠(辛亥)》:

吉语传来喜不禁,弹章恩比荐章深。铁船渡海真奇事,风笛回飘更好音。养气读书贤者事,知仁观过圣人心。愁君磨折锋逾利,特学虞人献一箴。

袁枚说：听到你复职，这是好消息啊，我可高兴了！你停职这段时间认真读书，这是贤者风范，为人要仁慈，要知己之不足，这才能接近圣人。你经此挫折，相信会如磨过的宝剑更加锋利，我就啰嗦一回，给你提个醒哈！

老人家对张荷塘真是满满都是爱，这份关爱，估计天然饼的贡献不少。

唐静涵家的烧鲟鱼、唐鸡、青盐甲鱼

　　《随园食单》里的美食，很大一部分来自某明府、某观察、某太守、某中丞、某御史家等等，这部分菜是官府菜；另一部分来自一些有钱人

家，盖因那个时候有钱人在吃吃喝喝方面没有受什么限制，与当官的一样，也可以吃香喝辣，这大概也可归入"美味在民间"系列。在袁枚的食单里，苏州盐商、美食家唐静涵家里的美食就常常出现，我们来看看唐静涵家有什么好吃的。

一是烧鲟鱼。在讲到鲟鱼时，袁枚说：

> 尹文端公，自夸治鲟鳇最佳。然煨之太熟，颇嫌重浊。惟在苏州唐氏，吃炒鳇鱼片甚佳。其法：切片油炮，加酒、秋油滚三十次，下水再滚起锅，加作料，重用瓜、姜、葱花。

他看不上老上司、两江总督尹继善家的煨鲟鱼，认为"煨之太熟，颇嫌重浊"，还是苏州唐氏的炒鳇鱼片更好。这位唐氏，就是盐商唐静涵。不过，袁枚毕竟不是专业厨师，对这道菜的做法究竟是炒还是烧讲得不太清楚，我们帮他将一捋：先将鲟鱼切片，用盐、葱段、姜片、黄酒腌制入味；再将油烧至一百二十摄氏度并将腌制入味的鲟鱼片放入走油至八成熟；接着在锅中留底油，下葱、姜、酱瓜爆香，再加入油泡鲟鱼片、黄酒和酱油，大火烧三分钟后加水，烧开后就可以起锅了。袁枚生活的时代还没有料酒，我们现在可以用料酒代替黄酒，这道菜腌制鲟鱼片时也可以加点胡椒粉，加水也可以改为加汤，出锅时必须旺火收汁，让汁裹在鱼片上。

按袁枚记载的方法，这是先油泡再烧，不是炒。这道菜如果用粤菜或潮州菜的油泡法会更出彩，即先用油泡熟鲟鱼，炒鼎下料头，倒入鲟鱼片，下调味品，勾芡，翻炒均匀即成，不需要"滚三十次"，这样也会"煨之太熟"。

二是唐鸡。这个菜，袁枚直接用唐静涵的姓为之命名：

> 鸡一只，或二斤，或三斤，如用二斤者，用酒一饭碗、水三饭碗；用三斤者，酌添。先将鸡切块，用菜油二两，候滚熟，爆鸡要透。先用酒滚一二十滚，再下水约二三百滚。用秋油一酒杯，起锅时加白糖一钱。唐静涵家法也。

作法并不复杂：先是将鸡肉斩件；接着倒入二两菜籽油烧热后放鸡块煸炒，把水分煸干；再加一碗酒，烧两分钟；再加水，大火烧二十分钟；再加一酒杯酱油；最后加白糖一钱，起锅。这个做法中"灵魂配料"是酒、酱油和白糖，味道也是咸甜口；如果加上姜、葱、蒜，就成了江西名菜三杯鸡；加点九层塔（罗勒），就是台湾版的三杯鸡，唐静涵家这个做法，属于苏帮菜的三杯鸡。

不论是哪个地方的三杯鸡，做法上都要先用油煎，这是通过高温让鸡肉产生美拉德反应，使得鸡肉中大分子的蛋白质分解为小分子的氨基酸，由此产生鲜味。酒的用量也不少，别担心有酒精，乙醇在七十多度时已经挥发，只留下一点酒香味，下酒烹煮的作用是让鸡肉产生酯化反应，生成具有芳香气味的乙酸乙酯，这也是这道菜四溢飘香的关键。袁枚生活的时代，钟表还不普及，烹饪时间的标准不是按一炷香时间就是按滚多少次计，研究《随园食单》的专家们经过实践折算成时间，一炷香约三十分钟，滚十次则每次约三分钟，我们现在做这道菜不用如袁枚所说的那么长时间，且现在的鸡多是快速养成的，具体烹饪时间要看鸡肉本身的情况，但这道菜的特点就是要有嚼劲，越嚼越香，喜欢鸡肉滑嫩的就别惦记了。

三是青盐甲鱼。袁枚是甲鱼的重度爱好者，对如何吃甲鱼他很有心得，在《随园食单》"戒暴殄"里，他强调"暴者不恤人功，殄者不惜物力"，认为"尝见烹甲鱼者，专取其裙而不知味在肉中"，还说这属于"暴殄而反累于饮食，又何苦为之？"他认为甲鱼的肉味道更好，对于吃甲鱼只取裙边的做法，给予差评。在《随园食单》中，所记甲鱼之做法有生炒甲鱼、酱炒甲鱼、带骨甲鱼、青盐甲鱼、汤煨甲鱼、全壳甲鱼等多种。其中青盐甲鱼的做法是：

> 斩四块，起油锅炮透。每甲鱼一斤，用酒四两、大茴香三钱、盐一钱半，煨至半好，下脂油二两；切小豆块再煨，加蒜头、笋尖，起时用葱、椒，或用秋油，则不用盐。此苏州唐静涵家法。甲鱼大则老，小则腥，须买其中样者。

大概是将甲鱼宰杀后斩成四大块，下油锅炮透。一斤甲鱼配上四两酒、三钱大茴香、一钱半盐煨至半熟，下二两脂油继续煨，将熟时捞出；改刀切小豆块（即骰子块），加炸蒜头、笋尖再煨至熟，起锅时加香葱段、花椒末及盐或酱油即成。

这道菜的讲究之处有几点，一是选用一斤左右的甲鱼，这种甲鱼就是北宋梅尧臣所说的"马蹄鳖"，因其大小似马蹄而得名。甲鱼究竟是大的好吃还是小的好吃，历来说法各异。宋诗"开山祖师"梅尧臣在《宣州杂诗二十首》其一中说起宣城的风物，就有"沙水马蹄鳖，雪天牛尾狸"，但梅尧臣毕竟只以诗出名，美食方面的讲究并不为世人所承认，让马蹄鳖扬名的是南宋高宗朝龙图阁直学士、知湖州的汪藻，史载宋高宗曾问江南美食，汪藻即以梅尧臣这两句诗作答，这相当于获得了官方认证。至于袁枚所说的"甲鱼大则老"，这还说得过去，"小则腥"则依据不足了，新鲜甲鱼的土腥味来自生长环境不干净而产生的放射菌和蓝绿藻。梅尧臣强调"沙水马蹄鳖"，就是生长在沙地水中的甲鱼，环境干净才没有土腥味，与甲鱼大小没有关系。

这道菜的讲究之处还有用盐——强调用青盐。有人认为青盐就是青州产的盐，其实"青盐"就是粗盐，由直接采出的盐加上盐湖卤水为原料在盐田中晒制而成，因其颗粒大且含青色而得名，这是含杂质氯化镁使然，当然也带有特殊的矿物质风味，在当时是盐中的珍品，就如我们今天的玫瑰盐，《红楼梦》第二十一回写到宝玉用青盐洗漱，"宝玉也不理他，忙忙的要青盐擦了牙"。可见清朝时青盐受欢迎的程度，历朝历代都有对不同产区盐的爱好，这个我们不必较真。

此菜讲究之三是每斤甲鱼用酒四两，用酒量之大，简直就是用酒煨，原因还是让甲鱼快速产生酯化反应。用青盐，就是苏邦菜白煨的做法，现在苏州一些店里如鼎膳·匠宴还可以吃到，成菜汤醇胶浓，原汁原味，肉质酥烂，裙边滑润。袁枚强调仍可以用此方法，但不用青盐而改用酱油，这就是红煨，味道也不错。

四是美食之外的，关于唐静涵与袁枚的交情。

与尹继善家的鹿尾、风肉比起来，唐静涵家的唐鸡、青盐甲鱼在档次方面确实略占下风，毕竟再有钱的人家也无法与两江总督比，但唐静涵家美食的讲究也算是有板有眼。袁枚在写唐静涵家的美食时非常详细，用料多少，用时多久，讲得清清楚楚，这是因为袁枚与唐静涵一家关系不一般，厨房里也没有什么秘密。

《随园诗话》把他们之间的关系讲清楚了，在卷七中袁枚说："予过苏州，常寓曹家巷唐静涵家。其人有豪气，能罗致都知录事，故尤狎就之。"这段话信息量大，唐静涵是盐商富户，居住在曹家巷，就是现在苏州市姑苏区，东接王天井巷，西至中街路，这可是当时的核心区。袁枚说他"有豪气"，这不算什么，"能罗致都知录事"这才是重点，"都知"是唐代、五代、宋武官名，此处指妓女班头，"录事"是文官名，后来成为青楼术语，此处指妓女陪酒时负责监督酒令遵行，并负责调节酒桌气氛者，袁枚和唐静涵好到连近女色的事都一起，所以"故尤狎就之"。狎者，亲近也，亲近而不庄重，能一起干坏事，臭味相投，这才是一等一的好朋友。

袁枚还说，他每到唐府，就如回到自己家一样，唐静涵的妻妾都不避讳他，而且还向袁枚请教诗文，袁、唐二人亦有诗书交流。唐静涵有句云："苔痕深院雨，人影小窗灯。"袁枚收在《随园诗话》中并点评为"真佳句也"。唐静涵家侍婢方聪娘，聪明伶俐，姿色绝佳，袁枚很是喜欢，唐静涵就将方聪娘慨然相赠嫁与袁枚。唐静涵去世时，袁枚写《哭唐静涵》诗十二首，悼念诗篇数量之多，在袁枚朋友中名列首位，可见二人感情之深。

袁枚还说："静涵有姬人王氏，美而贤；每闻余至，必手自烹饪。"原来这些美食，还是唐静涵的夫人王氏亲自下厨做的，这种带着真情实意做出的美食，怎会不好吃？

不差钱，厨艺了得，还带着感情做饭，这样的饭不好吃才怪！

第三篇

谈茶论酒

论茶

七碗生风，一杯忘世

茶与酒是美食的一部分，在《随园食单》里，袁枚对茶也发表了他的高论。对茶的认知，袁枚不能算全面，更难算得上权威，但他的一己之见还是很有意思的。

关于讲茶讲酒，袁枚专开一章"茶酒单"，还给出了理由"七碗生风，一杯忘世"，意思是喝七碗茶两腋生风，饮一杯酒就可以忘记世间苦恼。"七碗生风"典出唐朝茶仙卢仝，唐元和六年（811），卢仝收到好友谏议大夫孟简寄送来的茶叶，邀韩愈、贾岛等人在桃花泉煮饮时，写下了《走笔谢孟谏议寄新茶》，其中的"一碗喉吻润，二碗破孤闷。三碗搜枯肠，唯有文字五千卷。四碗发轻汗，平生不平事，尽向毛孔散。五碗肌骨清，六碗通仙灵。七碗吃不得也，唯觉两腋习习清风生"就是被后世传颂的《七碗茶歌》。在这首诗里，卢仝将茶饮的审美愉悦讲透——"好喝，舒爽"就是原则，没有那么多玄学，因此也广受历代

185

文人的推崇，这当中也包括袁枚。

给茶的审美定下原则后，袁枚开始讲如何品茶，他先从水说起："欲治好茶，先藏好水，水求中泠、惠泉，人家中何能置驿而办？然天泉水、雪水，力能藏之，水新则味辣，陈则味甘。"中泠泉也叫中濡泉，位于江苏镇江金山寺外，惠泉即惠山泉，位于无锡惠山山麓，袁枚认为这两个地方的水好，但路途遥远，普通人家不可能长途搬运过来，那就用天然的泉水和雪水好了。

喝茶用什么水，历来多讲究，陆羽在《茶经》中说"其水，用山水上，江水中，井水下。其山水，拣乳泉，石池漫流者上"。这里的山水，就是山泉水，陆羽说最好还是选择石隙、石池中慢慢流淌的活水，若没有山泉水，则依次选好江水、井水。袁枚与陆羽都推崇用山泉水泡茶，这在他们那个年代是有道理的，相比于江水和井水，山泉水更纯净。茶是负责给水调味的，我们喝茶其实是在喝有茶叶味道的水，水越纯净，杂质越少，茶的味道才越纯粹。古代的江水还是有污染的，井水则含更多矿物质，这些矿物质与茶多酚发生化学反应，会令茶汤变色，所以都不如山泉水。放在今天，最适合泡茶的则是蒸馏水，因为它最接近纯净水。至于袁枚说的新鲜的水味道太冲，存放一定时间后会变甜，我估计袁枚用的水不干净，存放有利于杂质沉淀，对我们现代人来说，只要水是干净的，越新鲜越好。

讲完水，他开始讲茶，他说："尝尽天下之茶，以武夷山顶所生，冲开白色者为第一。然入贡尚不能多，况民间乎！"他推武夷山顶的茶为第一，但叹惜这些茶主要入贡了，民间能喝到的少之又少。作为杭州人，袁枚原本只喜欢绿茶，"余向不喜武夷茶，嫌其浓苦如饮药"，他把喝武夷山的茶形容为喝药一样——又浓又苦。乾隆五十一年（1786），七十岁的袁枚游武夷山，来到幔亭峰、天游峰等地后，却对武夷茶的印象完全改观，"僧道争以茶献，杯小如胡桃，壶小如香橼，每斟无一两，上口不忍遽咽，先嗅其香，再试其味，徐徐咀嚼而体贴之，果然清芬扑鼻，舌有余甘。一杯以后，再试一二杯，释躁平矜，怡情悦性。始觉龙井虽清，而味薄矣；阳羡虽佳，而韵逊矣。颇有玉与水晶，品格不同之故。故武夷享天下盛名，真乃不忝，且可以瀹至三次，而其味犹未尽"。他以前喝绿茶是大杯喝，武夷山的茶是小杯喝，小而精，越喝越能品出其韵味，他用"清芬扑鼻，舌有余甘"准确地总结了武夷山茶的优点，喝了两三杯，就能涤净尘虑，抚平烦躁，怡悦性情。又拿武夷山茶与他以前最喜欢的杭州龙井茶和常州阳羡茶比，说龙井茶显得淡，阳羡茶显得韵味不足，发出武夷山驰名天下、名不虚传的感慨。他又惊异于武夷山茶冲泡三遍还有茶味，要是当年他喝了今天的普洱茶和单丛茶，十几泡后还色香味俱全，不知会作何感叹。

武夷山的茶他列第一，他原先最喜欢的龙井就只能屈居第二了，"其次，莫如龙井，清明前者号莲心，太觉味淡，以多用为妙。雨前最好，一旗一枪，绿如碧玉。收法须用小纸包，每包四两，放石灰坛中，过十日则换石灰，上用纸盖扎住，否则气出而色味全变矣"。对于如何保存龙井茶，他这一套用石灰控制湿度的方法是绝妙的，龙井茶的清香主要来自茶氨酸、茶多酚和叶绿素，湿度大会加速茶叶发酵，让茶氨酸、茶多酚和叶绿素发生变化，袁枚当然不可能懂这些道理，只能说是

"气出"，结果是"色味全变"，这是对的。

　　如何泡茶，这涉及操作技法问题，袁枚也作了总结："烹时用武火，用穿心罐一滚便泡，滚久则水味变矣！停滚再泡，则叶浮矣。一泡便饮，用盖掩之则味又变矣。"这是袁枚关于龙井茶的高温泡法，西湖龙井茶目前主要有四种泡法：明代许次纾的中温泡法、煎饮法，清代程淯的低温泡法，清代袁枚的高温泡法。不同泡法各有其妙，这是个人的喜好问题，袁枚强调自己的方法，出于对当时流行于杭州的熬茶法特别反感，说这种方法"其苦如药，其色如血"，斥责这些人"不过肠肥脑满之人吃槟榔法也，俗矣！"

没有不同，只有异类，这才是袁枚。为了证明自己喝茶之正确，他搬出了个大人物："山西裴中丞尝谓人曰：'余昨日过随园，才吃一杯好茶'呜呼！公山西人也，能为此言。"这个裴中丞，就是时任安徽巡抚裴宗锡，他到随园的时间应该是乾隆三十五年（1770）到乾隆四十年（1775）之间。裴宗锡于乾隆三十五年由直隶按察使擢升为安徽布政使，未几就升迁安徽巡抚，五年后又转任贵州巡抚、云南巡抚。安徽巡抚的住所在安庆，与随园所在地南京并不远，裴宗锡一家人与袁枚交情都不错，袁枚在《随园诗话》卷十一载：

> 裴二知中丞巡抚皖江，每至随园，依依不去。举家工琴，闺阁中淡如儒素。其子妇沈岫云能诗，著有《双清阁集》。《途中日暮》云："薄暮行人倦，长途景尚赊。条峰疏夕照，汾水散冰花。春暖香迎蝶，天空阵起鸦。此身图画里，便拟问仙家。"在《滇中送中丞枢归》云："丹旐秋风返故乡，长途凄恻断人肠。朝行野雾笼残月，暮宿寒云掩夕阳。蝴蝶纸钱飘万里，杜鹃血泪落千行。军民沿路还私祭，岂独儿孙意惨伤？"读之，不特诗笔清新，而中丞之惠政在滇，亦可想见。余方采闺秀诗，公子取其诗见寄，而夫人不欲以文翰自矜。公子戏题云："偷寄香闺诗册子，妆台伴问目稍嗔。"亦佳话也。中丞名宗锡，山西人。公子字端斋。

裴宗锡"每至随园，依依不去"，这是多好的关系，简直不把自己当外人。袁枚盛赞裴宗锡一家子弹琴都很厉害，裴宗锡儿媳妇的诗"诗笔清新"。乾隆四十四年（1779），裴宗锡卒于云南任上，袁枚作《哭云南抚军裴二知先生》：

> 退思图上命题诗，拜别卿云有几时？礼士浑忘身八座，忧民早见鬓千丝。一家琴学风何古，万里棠阴政可知。趁此哀荣归亦好，只怜绿野负心期。

裴宗锡每到一地，政绩卓著，多次受到嘉奖，颇受乾隆皇帝器重，如果不是过早累死在任上，官至总督是迟早的事。由这样一个人来评价袁枚会喝茶，这在当时颇有说服力。看来，高官会品茶，也是历史悠久。

袁枚眼中的九大名茶

在文学创作上，袁枚主张要抒发性灵，抒发真情实感，倡导真情、个性和诗才为核心的"性灵说"。他所说的"性灵"，是集性情、才情于一体，追求清妙真雅的诗文风格。他说："诗者，人之性情也，性情之外无诗。"又说："凡诗之传者，都是性灵，不关堆垛。"他认为诗歌是内心的声音，是性情的真实流露。《随园食单》里写茶，也是他性情的真实流露：我喜欢这种茶、喝茶就该这么喝！至于你认不认可，我才不管呢。

他将武夷山茶排第一，家乡杭州的龙井茶排第二，排第三的则是常州阳羡茶，第四是洞庭君山茶，而六安、银针、毛尖、梅片、安化茶则分列五至九位，这是袁枚个人的"九大名茶排行榜"。现代人一对照，可能不太认可，公认的某某茶或者自己特别喜欢的某某茶怎么没入列？某某茶可能袁枚他老人家就没喝过，你让他怎么评价？

　　袁枚品茶评茶，既出于品质上的赏识，更因为令他印象深刻的人与事，比如他评位列第四的"洞庭君山茶"：

　　　　洞庭君山出茶，色味与龙井相同，叶微宽而绿过之，采摘最少。方毓川抚军曾惠两瓶，果然佳绝，后有送者，俱非真君山物矣。

　　洞庭君山茶产于湖南岳阳市洞庭湖上的君山岛，清代乾隆、嘉庆年间通晓地方史的专家万年淳在《君山茶歌》中说："君山之茶不可得，只在山南与山北。……李唐始有四品贡，从此遂为守令职。"同治《湖南省志》载："君山茶盛称于唐，始贡于五代。"这可以看出唐代君山即已开始产茶，当时称"黄翎毛"，宋时称"白鹤茶"，清朝时称"旗枪"。据《巴陵县志》载，君山制茶自乾隆四十六年（1781）始，岁贡十八斤，有贡兜（叶片）、贡尖（芽头）两个品种，对应我们今天俗称的君山毛尖、君山银针。清末徐珂在《梦湘呓语》中说："君山庙有茶树十余棵，当发芽时，岳州守派员监守之，防有人盗之也，岁以进贡，郊天时用之，以其叶上冲也……"为了保证岁贡特供，派出武装人员严防死守，这种事一百多年前就有了。

在袁枚生活的年代，洞庭君山茶由僧侣种植，相传君山有四十八庙，每座庙边都有一块小茶园，茶叶产量很少，袁枚又是如何得到的呢？"方毓川抚军曾惠两瓶，果然佳绝，后有送者，俱非真君山物矣"中的"方毓川抚军"，就是袁枚的同年进士、时任湖南巡抚的方世儁，他送了两瓶茶叶给袁枚，袁枚的评价是"果然佳绝"，后来也有人送过他这种茶，但都是冒牌货，名牌产品遭仿冒，还送到随园，遭袁枚"打假"，幸好当时没有"3·15"晚会。关于方世儁，《清史稿》载：

> 方世儁，字毓川，安徽桐城人。乾隆四年进士，授户部主事。累迁太仆寺少卿，外授陕西布政使。二十九年，擢贵州巡抚。三十二年，调湖南巡抚。刘标讦发上官婪索，言世儁得银六千有奇，上命夺官，逮送贵州，其仆承世儁得银千。狱成，械致刑部，

论绞决，上命改监候。秋谳入情实，伏法。

这个简历很简单，我们可以看到他是袁枚的同年进士，官至贵州巡抚、湖南巡抚，后来因索贿六千两银而被乾隆皇帝杀了。《随园诗话》卷十二·三二有更详细的记录：

> 壬戌，余与陶西圃镛，俱以翰林改官。陶先乞病。庚午，余亦解组随园。陶与余同踏月，云："偷得闲身是此宵，白门何处不琼瑶？芒鞋醉踏三更月，犹认霜华共早朝。"壬申，余从陕西归。陶方起病赴都，见赠云："草草销魂过白门，故人招我住随园。同看昨岁此时雪，仍倒空山累夕尊。竹压千竿青失影，峰铺四面白无痕。君行万里诗奇绝，何意重逢一快论！"余置酒，出路上诗相示。陶读至《扁鹊墓》云："一抔尚起膏肓疾，九死难医嫉妒心。"不觉泪下。询其故，为一爱姬被夫人见逐故也。余欲安其意，适家婢招儿，年将笄矣，问："肯事陶官人否？"笑曰："诺。"遂以赠之。正月七日，方毓川掌科、王孟亭太守、朱草衣布衣、吕星垣进士，添箱赠枕，各赋《催妆》。

这是发生于乾隆十八年（1753）袁枚与几位进士同年之间的趣事。袁枚、陶镛、方世儁是同年进士且同时留在翰林院进修，散馆时方世儁留在户部，袁枚和陶镛则因为考试不合格被分到地方为官。1753年初，袁枚正忙着在随园为小姨子与新进士吕文光办上元节婚宴，这时陶镛来访，留宿随园三天。陶镛的书法非常了得，于是袁枚请他为屏风《随园图》题词，让自己的婢女阿招在左右伺候。阿招与陶镛一见如故，擦出了火花，这让吕文光看到了，吕文光将这其中微妙告诉了袁枚。

当天袁枚与陶镛一起吃饭喝酒，也聊聊袁枚近作，当陶镛读到袁枚《扁鹊墓》中一句"一抔尚起膏肓疾，九死难医嫉妒心"时，似乎触碰到了伤心处，不由潸然泪下。袁枚问其缘故，才知道陶镛有一个心爱的小妾被嫉妒心重的正房夫人赶走了，陶镛痛惜万分，却又无可奈何。袁枚深表同情，征得陶镛和阿招的同意后，袁枚当机立断，当场拍板，就在正月初七，在小姨子出嫁前，提前张灯结彩，为陶镛和阿招举办婚礼。这个婚礼可不简单，袁枚和陶镛的同年进士、时任吏部掌印给事中方毓川亲自为新人捧玉镜，王孟亭太守亲自为新人提着陪嫁马桶"楲䚰"，新晋进士准新郎官吕文光和随园主人袁枚则亲自张罗洞房卧具、帐缦。婚宴前后，才子们纷纷赋诗《催妆》。陶镛行期紧迫，洞房花烛过后就匆匆告别随园，携新婚美妾走马上任去了。

袁枚之所以为其举办如此隆重的婚礼，当然也有同年情深的缘故。这时方世儁已官至吏科都给事中，刚好出差到南京，也参加了这一盛宴。清朝设吏部、户部、礼部、兵部、刑部、工部六部，六部中又设六科，属于监察机构，不从属于六部，六科的首脑称都给事中，方世儁当时是吏科都给事中，六科都给事中与各道监察御史合称科道，品级为正五品。

作为皇帝身边人，方世儁后来仕途十分顺利，乾隆二十九年（1764）任贵州巡抚，乾隆三十二年（1767）调任湖南巡抚，就是在这个时候，作为湖南的地方长官，弄两瓶洞庭君山茶给同年进士袁枚尝尝，当然不是问题。方世儁除了送珍贵的洞庭君山茶给袁枚，还送了葛，袁枚也写了《与湖南抚军方毓川》一信以示感谢："接手书并茶、葛两种，既温谕之缠绵，复嘉珍之宠锡。明公于督办军需之际，犹忆及山中一叟，惓惓不忘，不独笃于故旧之义，人所难能，而即此临事从容，机宜悉协，亦可想见古大臣之风度也。"袁枚除了感谢方世儁送礼物，寒暄客套之外，还感叹岁月飞逝、老之已至，又交代共同旧友的状况。始料不及的是，就在袁枚收到这两瓶茶叶不久，方世儁竟然因为在贵州巡抚任上索贿部下六千两而被革职查办，最后被下刑部大狱，秋后处决。

有人认为袁枚喜欢用某某高官请他吃饭，某显贵送东西给他以抬高自己，《随园食单》出版时，方世儁已经去世二十多年，身上还贴着贪官标签，袁枚需要这样的人给自己抬高声誉？袁枚有意为方世儁留下一笔，这是念旧，有情有义！

袁枚至爱——老黄酒

　　讲菜，袁枚很有见地，这也是《随园食单》颇受好评的原因；但说起喝茶，谈到喝酒，这方面就显得弱了些，在"茶酒单"中，袁枚只介绍了四款茶，如果加上被他一笔带过的六安、银针、毛尖、梅片、安化茶，则勉强可以凑上九款。对于酒，他明显比茶了解得更多，介绍了常州兰陵酒、宜兴蜀山酒、无锡酒、溧阳乌饭酒、苏州陈三白酒、金华酒、四川郫筒酒、湖州南浔酒、绍兴酒、金坛于酒、德州卢酒等，虽然大部分是江浙黄酒，但也横跨山西、山东、直隶、四川、湖南，喝酒的视野比喝茶开阔了许多。

　　袁枚酒量一般，也不爱喝酒，但他对自己的品酒水平非常自信。他说："余性不近酒，故律酒过严，转能深知酒味。"他的逻辑是：因为天性不爱喝酒，不像酒鬼只要有酒就行，因此对酒的要求很高，能品出酒的好坏。

这个逻辑推理有问题。对酒有要求不一定就说明自己会品酒，如果你对酒的要求是错的，那么你越讲究可能反而越不会品酒。如果你对酒的要求是靠谱的，但有要求也只是会品酒的必要条件而不是充分条件。一个会品酒的人，有品位、有条件、爱喝酒这三点缺一不可，袁枚只具备前两种条件，但不爱喝酒，这就限制了他对不同酒的品鉴能力，与品美食一样，品酒也是实践出真知，一个不爱美食的人不可能成为美食家，一个不爱喝酒的人又怎么成为一个品酒行家？

不过，袁枚的这种自信很重要，在《随园食单》里我们因为他的自信，可以看到他以下有趣的美酒鉴赏观点：

一，与当时绝大多数人一样，他最喜欢的是黄酒。他认为"今海内动行绍兴"，也就是全国各地都流行喝绍兴酒，绍兴酒即黄酒。话锋一转又说："然沧酒之清，浔酒之洌，川酒之鲜，岂在绍兴下哉！"用来与绍兴酒对比的沧酒，是河北沧州出产的名酒，也属于黄酒一类，"南袁北纪"的纪晓岚在《阅微草堂笔记》卷二十三·《滦阳续录五》中提到好的沧酒"虽极醉，胸膈不作恶，次日亦不病酒，不过四肢畅适，恬然高卧而已"。袁枚说的"浔酒之洌"，此浔酒就是湖州南浔酒，"味似绍兴，而清辣过之"，也是比绍兴酒度数高一点、更清澈的黄酒。袁枚所说的"川酒之鲜"的川酒，是四川郫筒酒，"饮之如梨汁蔗浆，不知其为酒也"，这是甜度更高的黄酒，他喝过七次郫筒酒，最好喝的是好朋友、时任四川邛州知府杨潮观用木筏运来送给他的那次。

二，袁枚喜欢喝的是老黄酒。他说绍兴酒"如名士耆英，长留人间，阅尽世故，而其质愈厚"，"耆英"指年纪大且德高望重，他直言：

"绍兴酒，不过五年者不可饮。"对于湖州南浔酒，他也给定了个最佳赏味期"以过三年者为佳"；对于金华酒，他指出"以陈者为佳"；对于常州兰陵酒，他引用唐诗"兰陵美酒郁金香，玉碗盛来琥珀光"，强调要有琥珀之光，这是陈年老酒的标志，"相国刘文定公饮以八年陈酒，果有琥珀之光"，这是陈放了八年的老酒；乾隆三十年（1765），袁枚在苏州周慕庵家一连喝了十四杯酒，这酒"酒味鲜美，上口粘唇，在杯满而不溢"。这明显就是老酒，一问，果然是"陈十余年之三白酒也"。这还不是最厉害的，破纪录的当算溧阳乌饭酒，就在袁枚喝了陈放十余年的苏州陈三白酒的次年（1766），不喜欢喝酒的袁枚在叶比部家"饮乌饭酒至十六杯"，把桌上的朋友吓坏了，都纷纷劝止，但从不贪杯的袁枚仍"未忍释手"，他说此酒"其色黑，其味甘鲜，口不能言其妙"，"质能胶口，香闻室外"，这种酒通常是在生女儿的时候用乌米饭酿一坛酒，等到女儿出嫁时才拿出来喝，"以故极早亦须十五六年"，这就是我们今天所称的"女儿红"。黄酒越陈越香，这个常识在那个时候已成共识，较《随园食单》晚了二十余年的《养心录》亦称"酒以陈者为上，愈陈愈妙"，好酒必定"姓陈，名久，号宿落"。

三，袁枚也接受白酒。他对白酒有自己的一套标准，"既吃烧酒，以狠为佳"。既然喝烈酒，那就度数越高越好！他把烈酒比喻为光棍和酷吏，说："打擂台，非光棍不可；除盗贼，非酷吏不可；驱风寒、消积滞，非烧酒不可。"他推荐喝烧酒的下酒菜是"如吃猪头、羊尾、'跳神肉'之类"，"跳神肉"就是祭神的白水煮猪肉，当时满人祭神时要"跳大神"，用白水煮猪肉当祭品，这种猪肉与猪头肉、羊尾都是脂肪含量高、特别容易腻的食物，这是以烈制腻。他喜欢的白酒首推山西汾酒，原因只有一个"汾酒乃烧酒之至狠者"，排第二位的则是山东膏粱烧，袁枚说："汾酒之下，山东膏粱烧次之。"这个"膏粱烧"，正确的写法应该是"高粱烧"，就是用高粱酿的高粱酒。

乾隆二十六年（1761），时任户部左侍郎、浙江嘉兴海盐人钱汝诚在汇报宁河县水灾时就有："查各庄秋禾，高粱居其大半，高者出水结实，尚可收获。"《大清高宗纯皇帝实录》记载："向来新疆地方，小麦、高粱、小米、黄豆、脂麻、荞麦等种，素不出产。自安设屯军之后，地方文武，设法劝种杂粮，今岁俱有收获。"高宗就是乾隆皇帝，这些史料都说明那个时候已经有"高粱"的写法。袁枚是不是写了错别字？这个问题有点意思，但这也说明两个问题，一是在袁枚生活的年代已经有了高粱酒，二是高粱并不为江浙一带的人所普遍接受，所以可能袁枚笔一抖就造成了笔误。

高粱的种皮富含单宁，直接当粮食吃口感涩，但在明清时期，人们发现将高粱用于酿酒却是绝好的门道。这从比袁枚稍早的雍正、乾隆时代名臣孙嘉淦的一封反对禁烧锅的奏折中可以看出，乾隆皇帝曾想禁止烧锅酿酒，孙嘉淦认为："烧锅既禁，富民不买高粱。贫民获高粱，虽贱价而不售。高粱不售，而酒又为必需之物，则必卖米谷以买黄酒。向者一岁之内，八口之家，卖高粱之价，可得七八两，今止二三两矣。而买黄酒之价，则需费七八两，所入少而所出多，又加以秕糠等物堆积而不能易钱，自然之利皆失。日用所需，惟枲米麦，枲而售，则家无盖藏；枲而不售，则百用皆绌。"在孙嘉淦看来，民间对酒水的需求是客观存在的，不买烧酒则必买黄酒。烧锅的存在能够显著提升高粱价格，有利于增加农民收入，进而刺激农民种植高粱的积极性。反之，严禁烧锅则必定导致高粱价格的下跌，客观上减少农民收入，进而影响民生。这说明，在袁枚生活的时代，高粱酒已与黄酒并驾齐驱，但江浙一带还是黄酒的天下，所以袁枚不小心写错也很正常。

当时袁枚最喜欢的还是黄酒，没想到如今社会却来了个大反转，茅台酒、五粮液等高粱酒大行其道，而黄酒市场份额却日渐式微，袁枚如果地下有知，不知会不会骂我们不懂酒？

金坛于酒之甜

喜欢黄酒的袁枚，说起黄酒头头是道，绝对是个黄酒专家。他认为黄酒越陈越珍贵，谚语说"酒头茶脚"，老酒也"以初开坛者为佳"。温酒时如果时间不够则酒仍是凉的，时间长了酒就老了，温酒时要"谨塞其出气处才佳"。

这些讲究，都是他的经验总结，也是有科学依据的：黄酒的香味物质主要包括醇类、糖类、氨基酸、有机酸等，这些物质在黄酒中相互作用，形成了黄酒独特的香气和风味。其中的糖类、氨基酸和有机酸，在黄酒发酵和贮存过程中形成，赋予了黄酒复杂的香气和味道，这就是黄酒越陈越香的原因。而醇类、酯类、醛类、羰基化合物和酚类物质多数为挥发性的，温酒加热会使这类物质挥发，我们嗅觉捕捉得到，闻到香味，但如果加热过度，这些香味在我们闻到之前已经挥发到空气中，就会走味。把出气处塞住，就可以解决走味的问题。

袁枚列举了他喜欢的九款黄酒，不过对于这九款酒他不说是喜欢，而是以一种权威的口气说"可饮者"，就是还值得喝。这些酒有些来头可不小，比如这款"金坛于酒"：

> 于文襄公家所造，有甜、涩二种，以涩者为佳。一清彻骨，色如松花。其味略似绍兴，而清冽过之。

"于文襄公"就是于敏中，字叔子，一字重棠，号耐圃，江苏金坛（今江苏常州市）人，酒应该是于敏中金坛家酿的酒，故称"金坛于酒"。有甜、涩二种味道，这是黄酒不同的酿造工艺所致，为了改善口感，酿酒时加了糖的就是甜的，不加糖的就是涩的，袁枚喜欢的就是这种不加糖的黄酒。目前这两种工艺还保留着，米其林指南官方合作伙伴、市场上高端的"慢宋"黄酒就是不加糖的。

乾隆帝时期重臣于敏中，出身于簪缨世家，爷爷是山西学政于汉翔，父亲是宣平知县于树范。乾隆二年（1737），于敏中年仅二十三岁，高中状元，名震天下。他的族兄于振之前也中了状元，于是并称"兄弟状元"，令天下官宦及书香人家羡慕不已。于敏中文思敏捷，通熟掌故，文章冠绝一时，书法亦清秀洒脱，尤其以楷书、行书出名，书法风格近于董其昌，且能熟练掌握汉、满、蒙、梵多种语言文字。中状元当年，他便入直翰林，授翰林院修撰，后官至文华殿大学士兼军机大臣，在乾隆朝为汉臣首揆执政最久者。乾隆四十四年十二月（1780年1月14日）去世，时年六十六岁，追谥为文襄公。

袁枚说金坛于酒是"于文襄公家所造"，可见此酒他是喝过的，有人因此说他这是借于敏中为自己扬名。这就冤枉袁枚了，《随园食单》里他提到的人物，比如谁请他吃饭、哪道菜是谁家做的，他尽量标记清楚，这是尊重知识产权，再说了，他并没有说于敏中亲自送金坛于酒给他，以此说明他与于敏中有交情，并不存在虚张声势之嫌。

袁枚与于敏中并无交集，但这不等于他没资格对于敏中家的酒评头论足，他还评论过于敏中的一副对联，《随园诗话》卷一·四载：

> 于耐圃相公，构蔬香阁，种菜数畦，题一联云："今日正宜知此味，当年曾自咬其根。"鄂西林相公，亦有菜圃对联云："此味易知，但须绿野秋来种；对他有愧，只恐苍生面色多。"两人都用真西山语，而胸襟气象，却迥不侔。

"于耐圃"即于敏中，他还提到鄂西林相公，则是指康乾两朝的重臣鄂尔泰，康熙朝举人，任内务府员外郎，与田文镜、李卫并为雍正帝心腹。雍正帝驾崩后，与张廷玉等同受遗命辅政，担任总理事务王大臣，历任军机大臣、领侍卫内大臣、议政大臣、经筵官，管翰林院掌院事，加衔太傅，国史馆、三礼馆、玉牒馆总裁，赐号襄勤伯。乾隆十年（1745），因病解职后卒，享年六十六岁，著有《西林遗稿》。

袁枚提到的"真西山"，指的是南宋理学大师真德秀，他官至宋理宗参知政事，去世后谥文忠。真德秀为继朱熹之后的理学正宗传人，同魏了翁二人在确立理学正统地位的过程中发挥了重大作用，创"西山真氏学派"。

袁枚品评于敏中与鄂尔泰两人的"菜园对联",说这两副对联都是集南宋程朱理学正宗传人真德秀句子而成,但是胸襟气象有高低之分,不可并肩。于敏中集联的意思大概是:此时此地,正宜了解品尝蔬菜滋味;回顾当年,我也是咬过菜根历经艰苦的人啊。表面上说的是通过耕耘种植而得知庶民之疾苦,寓意要亲身体验,亲自感受,由此引发出安于贫苦,修身养性,志成大事之意。

而鄂尔泰此联所言之意则是:菜的滋味是容易知晓的,但需要在秋天栽种;对着这满园蔬菜,我内心总有些愧疚与担忧,生怕天下百姓的脸色如菜色。这副菜圃对联,也表达了体恤苍生、关心庶民的思想。但是这种体恤多少透着一股高高在上的官气。相较之下,前者于敏中的对联能把自己的经历、思考、感悟融入其中,就胸襟气象而言,于敏中联更佳。

乾隆二十五年(1760)十月,年仅四十七岁的于敏中就当上了军机大臣,从此直接参与机务朝事。于敏中行事检点,大事小事都是谨慎奉旨而行,周密稳妥。于敏中记性极佳,乾隆帝作文赋诗,常常是即兴而为,每次皇帝吟诵之后,于敏中便默记于心,然后再恭恭敬敬誊抄出来,一字不差。小心翼翼地侍候了十三年,终于迎来了回报,乾隆三十八年(1773),乾隆皇帝晋升于敏中为文华殿大学士兼户部尚书、首席军机大臣,成为乾隆皇帝御前须臾不可离开的最显眼的人物,朝中许多重要决策,就是皇帝采纳他的意见作出的,已是朝野尽知的京中第一权臣。乾隆四十一年(1776),于敏中因平定大小金川之乱有功,乾隆帝下诏嘉奖，于敏中获赏戴双眼花翎，赐穿黄马褂，并图其像于紫光阁。三年后，于敏中因病去世，享年六十六岁，乾隆帝下诏优赐恤，入祀贤良祠，谥"文襄"。

就是这么一个小心办事、深得乾隆皇帝信任的大臣，在他去世后半年，孙子于德裕到官府控告其堂叔于时和侵吞其祖父在京资产，乾隆帝十分重视，命大学士阿桂、英廉查办，这一查不得了，素有廉直之名的于敏中，其京中及原籍家产竟值银二百万两。乾隆帝十分恼怒，认为于敏中巨额遗产"非得之以正者"，但仍然保全了于敏中的名节，没追究于敏中生前之罪，只是将于敏中的财产留了三万两给他的孙子，其余全部充公留给金坛地方作开河费用，又将吞占家产的于时和发往伊犁充当苦差。倒霉的是时任苏松粮道章攀桂，就是之前我们说那个家里做面筋极佳者，他为于敏中营造花园之事因此被发觉。乾隆皇帝早就看他不顺眼，这次新账旧账一起算，将他革职处理。

袁枚说于敏中家的酒"一清彻骨"，可惜于敏中本人对此却不清不楚。三年清知府，十万雪花银。极权必然导致腐败，若不从体制上动刀子，即便乾隆皇帝眼中小心翼翼的于敏中，也是贪官一个。

兰陵酒之厚

　　常州的好黄酒，不仅有"金坛于酒"，还有"常州兰陵酒"，袁枚在《随园食单》里以浪漫诗意的语句说：

　　　　唐诗有"兰陵美酒郁金香，玉碗盛来琥珀光"之句。余过常州，相国刘文定公饮以八年陈酒，果有琥珀之光。然味太浓厚，不复有清远之意矣。

　　袁枚品诗主要在他的另一名著《随园诗话》，而《随园食单》中这是他把品诗与品酒联系在一起的唯一一次，以上提到的唐诗出自李白的《客中行》："兰陵美酒郁金香，玉碗盛来琥珀光。但使主人能醉客，不知何处是他乡。"关于诗中"兰陵"的具体所指，有两个说法，一说是今山东临沂市兰陵县，一说在今四川省境内。

兰陵在哪里有争议，郁金指什么也各有说法，但兰陵美酒好却是不争的事实，北宋书画家米芾饮兰陵美酒后，挥毫泼墨，写下了"阳羡春茶瑶草碧，兰陵美酒郁金香"的诗句，这一巨联真迹仍完好存于湖北襄阳的米公祠内，他这是将兰陵酒与宜兴茶同列为美味。李时珍在《本草纲目》中对兰陵酒则讲得很具体："东阳酒即金华酒，古兰陵也，李太白诗所谓'兰陵美酒郁金香'即此，常饮、入药俱良。""颖曰：入药用东阳酒最佳，其酒自古擅名。《事林广记》所载酿法，其曲亦用药。今则绝无，惟用麸面、蓼汁拌造，假其辛辣之力，蓼亦解毒，清香远达，色复金黄，饮之至醉，不头痛，不口干，不作泻。其水秤之重于他水，邻邑所造俱不然，皆水土之美也。"大意是说好喝不上头，可以经常喝，也可以当药引，真乃居家旅行必备良药。

对这一自古就获美誉的黄酒，袁枚有他自己的判断，他喜欢的是兰陵酒如琥珀般的颜色，但嫌它味道太浓厚了，不够清悠。这就是个人审美的问题了，八年的陈酒，当然不可能清悠，就如同不能要求年迈的袁枚朝气蓬勃、充满阳光活力一样。

请袁枚喝八年兰陵酒的是相国刘文定公，即官至军机大臣、文渊阁大学士兼工部尚书的刘纶。刘纶，字如叔、慎涵，号绳庵，武进（今江苏常州市武进区）人。刘纶只比袁枚大五岁，乾隆元年（1736），他们两人一同参加了大清第二次也是最后一次博学鸿词科考试。清朝开科取士，考生必须一关一关过，考取了举人才可以参加进士考试，博学鸿词科考则是特例，由三品以上大员举荐优秀人才破格参加考试。据《清实录》所载，乾隆元年九月，"御试博学鸿词一百七十六员于保和殿"。这一年录取了十五人，次年才又补试选取四人，年纪最轻的袁枚名落孙山，而刘纶则与潘安礼、诸锦、于振、杭世骏共五人入了第一等，杭世骏就是与袁枚一起吃查宣门"凤凰脑子"的饭搭子。

刘纶的仕途一路平顺，先是授翰林院编修，后升至翰林院侍讲、内阁学士兼礼部侍郎，乾隆十五年（1750）以工部右侍郎入值军机处行走，乾隆十六年（1751）丁父忧回家守制，请袁枚喝兰陵酒应该就是在这个时候。乾隆十八年（1753），服完父丧的刘纶以户部侍郎入值军机处，后来还当过左都御史、兵部尚书、户部尚书、吏部尚书，协办大学士，加太子太保。乾隆三十六年（1771），授文渊阁大学士，兼工部尚书。乾隆三十八年（1773），六十三岁的刘纶去世，赠太子太傅，祀贤良祠，谥文定。清朝的军机大臣相当于宰相，袁枚说"相国刘文定公"也没毛病。这是袁枚最拿得出手的同年，比他的老师尹继善都牛。但这不能说袁枚攀附权贵，两人关系摆在那里，确有其事，袁枚没有夸大。其实他们俩还有更深一层的关系，《随园诗话》卷一·六六载：

余以翰林，改官江南，一时送行诗甚多。其佳者如：刘文定公纶，时官编修，诗云："弱水神仙少定居，词头草罢领除书。蒋山南去秦淮路，好雨餐餐梅熟初。""三载头衔共冷官，几人乡梦出长安。君行若过吾庐外，五月江深草阁寒。""定子当筵唱《石城》，离堂烛跋不胜情。芰荷香动三千里，谁共编诗记水程？"

说的是袁枚与刘纶一同参加博学鸿词科考试，刘纶被取为一等，授翰林院编修，而袁枚则滞留京城，于乾隆四年（1739）考中进士，选庶吉士，也入翰林院学习三年。三年学习期满考试，袁枚满文不合格，外放江南当县令，刘纶当时还是翰林院编修，赋诗三首送别袁枚。其中第二首很有意思，刘纶说我们都在翰林院修史志典籍，没有实权，也没有啥油水，这都是"冷官"啊，有多少人做梦都想离开京城到地方为官呢！你在赴任途中若路经我的老屋，那该是五月水涨江深的季节，你会见到我的破房子，我连老家的祖屋也修缮不起啊。

　　刘纶不是夸大，他少时贫寒，当上大官后也是大清少有的清官，《清史稿》载："自工部侍郎归，买宅数楹。后服官二十年，未尝益一椽半甓。衣履垢敝不改作，朝必盛服，曰：'不敢亵朝章也！'侍郎王昶充军机处章京，尝严冬有急奏具草，夜半诣纶，纶起燃烛，操笔点定。寒甚，呼家人具酒脯，而厨传已空，仅得白枣十数枚侑酒。其清俭类此。"说的是刘纶只在当工部侍郎时回乡购置了几间房子，之后再也没增加过一砖半瓦，除了上朝穿戴整齐，平时衣服、鞋子都是又破又旧。严冬的一天，军机处的办事员到他家找紧急文件，他们一起加完班后，刘纶想着请下属宵夜，可是厨房里没肉没菜，只找来十几颗白枣配酒。

　　刘纶对自己非常严格，退朝回家就关门谢客，不给同僚拉近距离的机会，袁枚回江南后与他基本没联系，后来直到刘纶回老家丁忧守制，这才有机会见面叙旧。《清史稿》说："纶性至孝，亲丧三年不御酒肉。"

刘纶请袁枚喝酒，应该就是丁忧回家期间，老朋友上门，不请吃饭喝酒不合适，但自己守孝期间不吃肉不喝酒，只能让袁枚一个人喝。

　　一个人喝酒，肯定了无生趣，难怪袁枚说"不复有清远之意矣"，不给个差评，已经是给面子了。

药酒之烈

说到喝酒，袁枚搬出一堆大人物，官至大学士、军机大臣的于敏中、刘纶，两淮盐运使卢见曾，四川知府杨潮观都在列，此外还有不知名的叶比部，苏州的周慕庵，与上述这些人喝的酒都是袁枚熟知的黄酒。袁枚还讲了用烈酒泡的药酒，此酒来自从未谋面的朋友童二树家，我们看看《随园食单》怎么说：

> 常见童二树家，泡烧酒十斤，用枸杞四两、苍术二两、巴戟天一两，布扎一月开瓮，甚香。

童二树就是清代画家童钰，字璞岩，一字树，又字二树，别号借庵、二树山人等，浙江山阴（今浙江绍兴市）人。童钰自幼聪慧异常，六岁时就能流利地诵读文章，是"越中七子"之一，善山水，以草隶法写兰、竹、木石，尤善写梅，宗扬无咎法，袁枚说他"使气入墨，奇风怒云，奔赴毫端"。在他童年时，朋友刘凤冈梦到他化为"梅花二树"，童钰听说后就以"二树"为号。童钰虽然天资聪颖，但科举之路并不顺利，屡考不中，三十岁那年，主持科考的学使大人因慕童钰的才情，有心提携他，但是，就在童钰即将进入考场时，忽然腹泻不止，最终没能走进考场，他的科举之路也就戛然而止。

童钰为了生计，曾到绍兴栖凫村教书。尽管生活清贫，但他无一日不画梅。夜里为了节省油烛，童钰常常借着月光，在月下展纸研墨，奋笔作画。他画梅、咏梅，世称"双绝"，他有"万幅梅花万首诗"小印，这可不是吹出来的。乾隆二十九年（1764），四十四岁时他自己写了一首题画诗："写梅只合号梅痴，长为梅花过六时。记得甲申元日集，三千三百十三诗。"四十四岁时已写下三千三百一十三首咏梅诗了，堪称咏梅第一人，且看这首咏梅诗：

十丈炎威十丈尘，毫端犹见雪精神。莫嫌拂袖多寒气，我是人间避热人。

这已经不仅仅是在写梅花，而是也在写自己。童钰有一方自篆闲章"不知是我是梅花"，他确实到了梅花与自己合二为一的地步。

童钰性格豪迈，不受拘束，平时也不善经营家中，女儿出嫁时没钱，只得变卖百幅梅花以充嫁妆。童钰的诗画，在当时影响很大，特别是"乾隆三大家"中的袁枚和蒋士铨，对童钰更是佩服得五体投地。乾隆四十七年（1782），六十二岁的童钰到达扬州，打算与袁枚见面，请他校定诗稿并作序，却不料病倒客中，童钰自知病不可愈，还强撑病体，挥毫画梅，欲赠袁枚。却不料诗未题毕而与世长辞。袁枚在他去世后十天才赶到扬州，痛悔不已，为其作挽联：

> 到处推袁，知君雅抱千秋鉴；特来访戴，恨我偏迟十日期。

袁枚在童钰离世前赠其的《梅花图》画上题跋，有"因捧归潢治，悬梅花立幅，如供先生遗像焉，戒世世万子孙宝藏之"。据袁枚的孙子袁祖志《随园琐记》记载，这幅《梅花图》一直挂在小仓山房内，几十年后与随园一同毁于太平天国的一帮匪徒手里。

袁枚还遵照童钰遗愿，为其编定诗集十二卷，作序记其事，并撰《童二树先生墓志铭》，完成了童钰的重托。

这些事迹，袁枚写进了《随园诗话》卷六、《小仓山房文集》卷二十六《童二树先生墓志铭》、卷二十八《童二树诗序》等。但是，比袁枚稍晚一点的绍兴人、专"黑"袁枚的清代史学家章学诚在《书坊刻诗话后》对袁枚和童钰交往却提出了质疑：

> 偶见《诗话》中记吾乡童二树先生，以谓论诗少所许可，惟倾倒于此人，甚至不辞跋涉，远访不值。童病将死，犹力疾画梅寄赠，题诗其上，未竟而逝。生死不忘，欲伊作序，伊感其意，为定诗十二卷，序而行之。此则诬罔太甚，不可不辨白也。童君为吾乡

高士，生平和易近人，非矜高少许可者。惟见江湖声气一流，恶其纤佻儇俗，绝不与通交往。此人素有江湖俗气，故踪迹最近，而声闻从不相及。盖童君论诗尚品，此人无品而才亦不高，童君目中，视此等人若粪土然，虽使匍匐纳交于童君，童君亦必宛转避之，无端乃至死生之际，力疾画梅，求伊为序，真颠倒是非，诬枉清白之甚者矣。且此人逢迎贵显，结交声望，浪得虚名，已数十年，童君历聘诸公亦三十余年，其彼此闻名已非一日，童君果肯倾倒此人，则数十年中，踪迹又不甚远，何至全无片简往还，直待将死，方为力疾画梅，题诗绝气，结此身后之缘？即以情理推之，亦万无此事也。

大概是说童钰人品、诗品都高，不会与袁枚这样低俗的人交往；如果真如袁枚所说两人神交已久，为什么全无来往痕迹？也没有任何书信留存？他断言，所谓童钰死前为袁枚画梅，不过是袁枚为了夸大自己的知名度瞎编的。

章学诚长于史学，在编修方志方面贡献甚巨，是建立方志学极其重要的人物，被梁启超誉为中国"方志之祖""方志之圣"。但他对袁枚的这一"黑"全靠自己臆断，也不堪一击。袁枚与童钰互相倾慕，这是有直接证据的，早在乾隆三十九、四十年间（1774—1775），袁枚在《小仓山房诗集》卷二十四就有《题童二树画梅》诗："童先生，居若耶，一只小艇划春绿，一枝仙笔画梅花。画成梅花不我贻，远寄瑶华索我诗。我未见画难咏画，高山流水空相思。吾家难弟香亭至，口说先生真奇士。孤冷人同梅树清，芬芳人得梅花气。似此清才世寡双，自然落笔生风霜。杜陵既是诗中圣，王冕合号梅花王。愧我孤山久未到，朝朝种梅被梅笑：如此千枝万枝花，不请先生一写照！"

诗中的香亭是袁枚的堂弟袁树，兄弟二人感情极好，袁树也兼擅诗画，与童钰也有交往，袁枚写这诗时，离童钰去世还有八年，可见童学诚说的"全无片简往还"不成立。

说回这个枸杞、苍术、巴戟天药酒，懂中医的一看这个药方，就知道这药酒是为了补肾壮阳、祛风除湿。袁枚一生风流，童钰的儿子请袁枚为父亲的诗集作序写墓志铭，常送自家泡的药酒给袁枚，这是有可能的，袁枚见到这类酒别有一番滋味，为其留下一笔也不奇怪。但我的理解是，他是想借这酒为他那生前未曾谋面的知己童二树留下一笔，让吃货们知道还有这么一个人。

袁枚用心良苦，相比之下，章学诚倒显得是以小人之心度君子之腹，我们要擦亮眼睛。

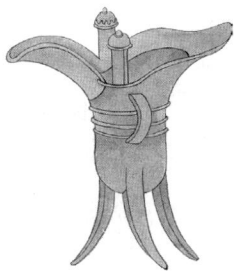

第四篇

袁枚的讲究

宴饮的讲究

吃螃蟹的讲究

袁枚到肇庆，高要县县令杨兰坡用一道剥壳蒸蟹，将讲究的袁枚侍候得服服帖帖，袁枚赞不绝口。《随园食单》里说的蟹都是河蟹，来自大闸蟹主产区的袁枚对此情有独钟，而且有他自己的一套讲究。

讲究一，"蟹宜独食，不宜搭配他物"。对味道浓郁的食材，他认为只适合单独使用，不能和其他食物搭配。他专门写了"独用须知"：

> 味太浓重者，只宜独用，不可搭配。如李赞皇、张江陵一流，须专用之，方尽其才。食物中，鳗也，鳖也，蟹也，鲥鱼也，牛羊也，皆宜独食，不可加搭配。何也？此数物者味甚厚，力量甚大，而流弊亦甚多，用五味调和，全力治之，方能取其长而去其弊。何暇舍其本题，别生枝节哉？金陵人好以海参配甲鱼，鱼翅配蟹粉，我见辄攒眉。觉甲鱼、蟹粉之味，海参、鱼翅分之而不足；海参、

鱼翅之弊，甲鱼、蟹粉染之而有余。

他把螃蟹、鳗鱼、甲鱼、鲥鱼、牛肉、羊肉列入只能单独食用的"味太浓重者"之列，把它们比喻为唐朝宰相李德裕、明朝权臣张居正这类人，只有让他们专权，才能充分发挥他们的才能。他对螃蟹尤其讲究，其他浓味食材他还强调"用五味调和，全力治之，方能取其长而去其弊"，但讲到蟹羹，他要求啥都别放："剥蟹为羹，即用原汤煨之，不加鸡汁，独用为妙。"做蟹羹，只能用煮螃蟹的汤，连鸡汤都不能放。对于我们今天仍可在高档餐厅见到的蟹粉翅，他给了差评，他说："见俗厨从中加鸭舌，或鱼翅，或海参者，徒夺其味而惹其腥，恶劣极矣。"大意是用蟹粉与鱼翅、海参搭配，会抢了螃蟹的鲜味，还让鱼翅等沾上了蟹的腥味。

袁枚的这个讲究既有道理也有不讲道理之处。螃蟹单独吃，不搭配别的，味道也是不错的，这是他有道理之处，但是蟹粉翅或蟹粉海参，主角就是鱼翅和海参这类无味之物，正是将蟹粉当成配角，牺牲蟹粉之鲜来给鱼翅和海参提供鲜味，这种牺牲是值得的，袁枚在这里显得不分主次、拎不清轻重了。至于说蟹粉会让鱼翅和海参染上螃蟹的腥味，袁枚其实已经掌握了蟹粉不腥的秘诀，"炒蟹粉，以现剥现炒之蟹为佳，过两个时辰，则肉干而味失"，而现剥、新鲜的蟹粉，本身腥味很少，再说了，还有其他妙招，比如加点醋，让醋里的氢离子锁住螃蟹中释放腥味的"元凶"三甲胺，让人闻不到，也就不腥了。

讲究二，螃蟹"最好以淡盐汤煮熟，自剥自食为妙。蒸者味虽全，而失之太淡"。他主张用淡盐水煮蟹，反对今天我们常用的蒸蟹，认为味道太淡。袁枚这一讲究也值得商榷，螃蟹的鲜味来自其自身丰富的游离氨基酸和核苷酸，甜味来自甜菜碱，螃蟹肉中的香气成分主要包括醇类、醛类、酮类等化合物。用淡盐水煮蟹，盐里的钠离子与螃蟹里的游离氨基酸结合，会让游离氨基酸的分子结构更稳定，表现出来就是味道更鲜，这是袁枚这一讲究的合理之处。但是淡盐水煮蟹，会让螃蟹里的部分鲜味、甜味、香味物质溶解到水里，从而降低了鲜味。因此加盐煮蟹增加的鲜味，远不及不加盐的，这是典型的得不偿失。比袁枚早一点的螃蟹专家，明清之际的史学家、文学家张岱就说："食品不加盐醋而五味全者，为蚶，为河蟹。"袁枚这一讲究，必须给个差评！

　　袁枚是真喜欢蟹，他的学生江苏上元（今江苏南京市）人陶涣悦就给他送过螃蟹。陶涣悦，字观文，号怡云，是袁枚同年陶绍景孙，师从钱大昕、卢抱经，亦是袁枚诗弟子，嘉庆十二年（1807）举人，官至户部郎中。他给袁枚送螃蟹，袁枚写了一封信《答陶怡云送蟹》：

　　　　移人就蟹，一人之享；移蟹就人，举家之餐。我知今夕通、迟两儿都学螃蟹拱手，祝陶世兄早得中书矣。且韵怕重复，句贵单行，鸭不随来，尤见君子用其一、缓其二之妙；且使老饕引领，留有余不尽之思。唐宫人上官婉儿评沈宋诗，以"不愁明月尽，自有夜珠来"一结，擢为第一。世兄以蟹为明月，以鸭为夜珠，将来世兄廷试，亦必第一。且螃蟹虽见海龙王，亦是一味横行。世兄将来以文才横行天下，即以今日之蟹为之兆也。

陶怡云是袁枚十分喜欢的学生，袁枚在《随园诗话》卷十四·一三就有："叶书山侍讲，常为余夸陶京山同年之孙、名涣悦者，英异不群，时才八九岁。"这个学生知道袁枚好吃，就时不时给他送好食材，袁枚十八封给陶怡云的信，有五封就讲到美食。满腹经纶的袁枚，在上述这封信里信手拈来的典故贴切应景，写得妙趣横生，值得细读。陶怡云送来螃蟹，袁枚说请人吃螃蟹，一般只有被请的一个人独享，而你送我螃蟹，我一家都沾光。唐中宗在昆明池命百官赋诗，让上官婉儿当裁判，沈佺期、宋之问的诗获评最好，尤其是宋之问"不愁明月尽，自有夜珠来"袁枚认为陶今日送的螃蟹就是明月，后续应该还会送来鸭子，那是明珠。

明明是送蟹，袁枚为什么提到鸭子呢？原来陶怡云对于食鸭很有心得，他之前送过一只鸭子给袁枚，这是一只瘦骨嶙峋的鸭子。陶怡云在精美的包装外面写上：孝敬随园老先生雏鸭一只，请笑纳。一辈子爱开玩笑的袁枚作《戏答陶怡云馈鸭》：

赐鸭一只，签标"雏"字，老夫欣然。取鸭谛观，其衰苶龙钟之状乃与老夫年纪相似，烹而食之，恐不能借西王母之金牙铁齿，俾喉中作锯木声。畜而养之，又苦无吕洞宾丹药，使此鸭返老还童，为唤奈何？若云真个"雏"也，则少年老成与足下相似，仆只好以宾礼相加，不敢以食物相待也。昔公父文公宴路堵父，置鳖焉小，堵父不悦，辞曰："将待鳖长而后食之。"仆仿路堵之意，奉璧足下，将使此鸭投胎再生，而后食之何如？

　　大意是：你赠给我一只鸭子，签注写明是"幼鸭"，我很高兴。对着鸭子端详，它那衰老萎缩、老态龙钟的样子，和我的年龄相仿。煮了吃吧，恐怕不能借到西王母那铁齿铜牙，嘴里会发出像锯木头一样的咀嚼声；留着喂养吧，又苦于没有吕洞宾那仙丹妙药，让鸭子返老还童。面对鸭子，不知怎么办了，如果真是只嫩鸭子，那便是少年老成，和你相似。我会把它作为宾客以礼相待，而不敢当作吃的东西来对待。从前鲁国的公父文伯宴请露睹父，准备的甲鱼太小，露睹父不高兴，辞谢说："等甲鱼长大了以后再吃吧。"袁枚也攀仿露睹父的意思，退还原物，让这个鸭子投胎变成嫩鸭子以后再吃它。

　　袁枚对于吃的鸭子也是有要求的，肥嫩是他的选鸭原则，老态龙钟的老鸭不符合他的标准，他居然选择了退货。当然，不是无理由退货，同样也是引经据典，让人大笑不已。

　　这就是袁枚，为人风趣幽默，但有时又很较真，甚至不惜翻脸。讲美食，他也是如此。我们也不必捧《随园食单》为饮食圣经，对于里面一些袁枚的个人偏见，我们大可一笑了之。

吃野味的讲究

《随园食单》里的食材，绝大部分都是普通食材，当然也包括少量野味，计有鹿肉、獐肉、野鸡、野鸭、麻雀、鹌鹑、黄雀等，其中讲到"煨麻雀"：

> 取麻雀五十只，以清酱、甜酒煨之，熟后去爪脚，单取雀胸、头肉，连汤放盘中，甘鲜异常，其他鸟鹊俱可类推。但鲜者一时难得。薛生白常劝人："勿食人间养养之物。"以野禽味鲜，且易消化。

这个菜的讲究有几点，一是先将整只麻雀用酱油和甜酒煨熟后去骨留肉，摆盘后加原汤。麻雀及其他鸟雀肉主要集中在胸部和腿部，但骨头也是有味道的，整只煨是为了锁住其风味。上桌前去骨，是为了便于食用，也显得精致些。

讲究之二是必须用野禽，不能用养殖的。他拿他的好朋友、名医薛生白为这一讲究背书，薛医生总劝人"勿食人间豢养之物"，认为野生的味道更鲜，也更容易消化。这个讲究也值得商榷：决定禽类风味的因素主要是禽类的生活方式、食物、年龄，野生禽类确实含更多的风味物质，味道会更鲜，但肉质也会更坚韧。至于野禽更容易消化，消化的速度主要由摄入的蛋白质和脂肪的总量决定，同样重量的野禽在蛋白质和脂肪的总含量方面确实不如养殖的，但这些都是营养物质，对古人来说是需要的，想容易消化，少吃一点就行。

这位薛生白，别名雪，字生白，号一瓢，吴县（今江苏苏州市）人，《清史稿》称其"于医，时有独见，断人生死不爽，疗治多异迹"，唐大烈《吴医汇讲》称他"与叶天士先生齐名，然二公各有心得，而不相下"，认为他与为中国温病学奠基人叶天士齐名。薛生白早年游于名儒叶燮之门，诗文俱佳，又工书画，后因母亲患湿热之病，致力于医学，技艺日精。薛生白一生为人豪迈而淡泊，年九十岁卒。他于湿热症治特称高手，所著《湿热条辨》成传世之作，于温病学贡献甚巨。

袁枚与薛生白很要好，大户人家都会备个好医生，袁枚有时称薛生白为薛雪，《随园诗话》卷五·七载：

> 吴门名医薛雪，自号一瓢，性孤傲。公卿延之不肯往，而予有疾，则不招自至。乙亥春，余在苏州，庖人王小余病疫不起，将掩棺而君来。天已晚，烧烛照之，笑曰："死矣！然吾好与疫鬼战，恐得胜亦未可知。"出药一丸，捣石菖蒲汁调和，命舆夫有力者，

用铁箸镍其齿灌之。小余目闭气绝，喉汩汩然似咽似吐。薛嘱曰："好遣人视之，鸡鸣时当有声。"已而果然。再服二剂而病起。乙酉冬，余又往苏州，有厨人张庆者，得狂易之疾，认日光为雪，啖少许，肠痛欲裂，诸医不效。薛至，袖手向张脸上下视曰："此冷痧也，一刮而愈，不必诊脉。"如其言，身现黑瘢如掌大，亦即霍然。余奇赏之。先生曰："我之医，即君之诗，纯以神行。所谓'人居屋中，我来天外'是也。"

说的是薛生白是个很孤傲的人，想找他看病的人，不论地位多高，多有钱，只能亲自上门，但袁枚是个例外，听说袁枚病了，他会不请自来。袁枚又讲了两个他亲身经历的薛生白妙手回春的故事：

第一则，1755年春天，袁枚在苏州，厨师王小余染上疫病，医治无效即将咽气入棺材了。薛雪赶到，天色已晚，燃亮蜡烛看后，笑着说："人已经死了，但是我喜欢和疫魔争斗，说不定还能战胜它。"于是拿出一颗药丸，捣碎后用菖蒲汁调了一下，让力气大的轿夫，用铁筷子撬开病人的牙齿，将药灌进病人口中。病人王小余这时已经合上双眼，停止了呼吸，只听见他的喉管里发出咕嘟咕嘟的声音，像是往下咽又好像往外吐。薛雪嘱咐说："好好派人看着他，鸡叫时就会听到有声息了。"后来果然如此。接着又吃了两剂药，王小余的病就好了。

另一则是1765年冬天，袁枚又来到了苏州，有个叫张庆的厨子，患了癫狂病，见到日光认为是雪。吃不下多少食物，腹痛得像肠子要断裂一般。请了很多医生诊治都不见好转。薛生白医生赶到，双手插在袖子里，打量一番病人张庆的脸色后，说道："这是冷痧，一刮就会痊愈，不需要诊脉。"结果就像他所说的那样，经刮治后，病人身上出现手掌大的黑斑，病顿时就好了。

袁枚非常赏识薛生白的医术，薛生白用袁枚写诗的方式来比喻自己行医，说自己的医术就如同袁枚写诗，纯粹是靠心神来运作的，即人坐在屋子里，而神已经游到天外了。袁枚也欣赏薛生白的诗，《随园诗话》就摘录了薛生白的名句：

> 然先生诗亦正不凡，如《夜别汪山樵》云："客中怜客去，烧烛送归桡。把手各无语，寒江正落潮。异乡难跋涉，旧业有渔樵。切莫依人惯，家贫子尚娇。"《嘲陶令》云："又向门前栽五柳，风来依旧折腰枝。"《咏汉高》云："恰笑手提三尺剑，斩蛇容易割鸡难。"《偶成》云："窗添墨谱摇新竹，几印连环按覆盂。"

薛生白逝世后，其孙将写就的墓志铭寄给袁枚，墓志铭概述乃祖生平，竟"无一字及医"，反而将其置于"理学"一流。袁枚看后愤愤不平，认为这是"甘舍神奇以就臭腐"，于是有了著名的回信《与薛寿鱼书》。这篇散文说理简洁，袁枚也顺便把他不喜欢的程朱理学批判了一番，读来十分痛快。

用名医来为吃野味背书，在当时是有说服力的，不过现在我们知道，名医不一定懂美食。袁枚对美食十分自信，也不需要别人的言论来背书，让薛生白出现在《随园食单》里，也有让他扬名的意图。

美器的讲究

"有什么好吃的"很重要，解决了这个问题后，"用什么东西吃"这个问题就摆在人们面前。当然，在古代，这是权贵们的讲究，与普通老百姓无关。

从有文字记载的西周开始，美器不仅仅是与美食相关，更是权力的象征，《春秋公羊传》就有"礼祭，天子九鼎、诸侯七、卿大夫五，元士三也"。各个等级用多少个鼎，那是有规矩的，"一言九鼎"，那是周王的权威；《左传·宣公三年》载："楚子伐陆浑之戎，遂至于雒，观兵于周疆。定王使王孙满劳楚子，楚子问鼎之大小轻重焉。"说的是楚庄王借口讨伐陆浑之戎，把楚国大军带至东周首都洛阳南郊，举行盛大的阅兵仪式。即位不久的周定王派善于应对的王孙满去慰劳，楚庄王见了王孙满，询问九鼎大小轻重。"问鼎中原"用于比喻有夺取国家政权的野心。

从奴隶制向封建制的转变，是社会的进步，更多的小官吏、小地主挤进权贵行列，美食与美器的关系才显得更密切，美器与美食的组合成为饮食美学的一部分。杜甫《丽人行》中"紫驼之峰出翠釜，水精之盘行素鳞。犀箸厌饫久未下，鸾刀缕切空纷纶"，驼峰配翠釜，水晶盘配素鳞，还有犀牛角做的筷子，刀柄带着铃的刀，无不烘托出食器的高雅境界。李白《行路难》中"金樽清酒斗十千，玉盘珍羞直万钱"的诗句，金樽配清酒，玉盘配珍馐，也将美食美器并列，这显然是权贵阶层的传统，属于以珍贵为美的一类。被贬到惠州的苏东坡，美食可以自找，美器却没有，但太守詹范有，他说："暂借垂莲十分盏，一浇空腹五车书。青浮卵碗槐芽饼，红点冰盘藿叶鱼。"陆游《小宴》诗中有"洗君鹦鹉杯，酌我葡萄醅"，鹦鹉杯就是用鹦鹉螺壳当酒杯，在《埭西小聚》诗中有"瓦盎盛蚕蛹，沙鬴煮麦人"，瓦盎就是腹大口小的盛物洗物的瓦盆，这些都是平民百姓所用的美器，穷也有穷的讲究，也体现了一种自然朴素的美。

袁枚将美食与美器的讲究进行系统梳理，在《随园食单》里有"器具须知"：

古语云：美食不如美器。斯语是也。然宣、成、嘉、万窑器太贵，颇愁损伤，不如竟用御窑，已觉雅丽。惟是宜碗者碗，宜盘者盘，宜大者大、宜小者小，参错其间，方觉生色。若板板于十碗八盘之说，便嫌笨俗。大抵物贵者器宜大，物贱者器宜小。煎炒宜

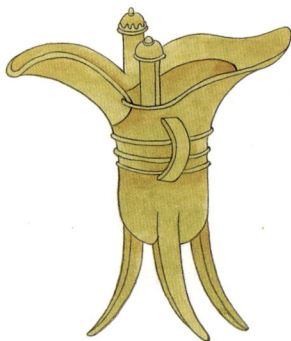

盘、汤羹宜碗，煎炒宜铁锅，煨煮宜砂罐。

袁枚对美食配美器的说法是认可的，尽管如此，对美器如何运用，他还是强调一要适度，二要实用。

首先是适度。他说宣德、成化、嘉靖、万历年间的瓷器都太珍贵了，用了担心破损，倒不如用当时的官窑制品，后者已经很漂亮了。他对美器的要求是"雅丽"，高雅漂亮就可以。我们今天的生活中，已经有不少漂亮的瓷器，用这些瓷器，同样达到"雅丽"就可以了。用历史上的名窑瓷器当然不可能，过度追求名牌反显得造作，一些餐厅的服务员介绍时强调"我们餐厅的餐具是爱马仕的，酒杯一个就几千块"，这让人听起来很不舒服。更有甚者，客人用餐时不小心弄坏了餐具或杯子，居然要求客人赔偿。你上这些名贵餐具时，已将损耗摊到成本上，客人吃每一口饭，都承担了美器的成本，再让客人赔偿，这就不讲道理了。

其次是实用，该用盘就用盘，该用碗就用碗，该用大餐具就用大餐具，便宜的食材，用小餐具也不丢人，没必要虚张声势。美器不仅仅是为了美观，还是为了实用，一些需要保温的美食，用大盘就不合适，真要用大盘，让盘子有一定温度甚至为盘子保温就是必需的条件。我们现在会见到有些餐厅在美食美器的搭配上非常大胆，中西结合，古今通用，有时也将贝壳、瓜果当成容器，这些都是美学上的突破，只要符合实用原则，这些创新都会令人耳目一新，如果违反实用原则，则会给人牵强附会之感。

美器是作为美食欣赏的一部分，袁枚给出"雅丽"与实用的原则是比较合理的。

厨师的讲究

袁枚虽然不会做饭，但他喜欢琢磨，善于总结，是做饭的理论家。如果说《随园食单》里的菜称为"随园菜"，袁枚家的厨师是具体的执行者，而这一切的最强大脑则就是袁枚本人，用时下的话说，袁枚就是"随园菜"的主理人，是总指挥，对厨师管理，他有一套讲究。

一是选对厨师。

一个优秀的厨房主理人，首先要对自己所追求的菜的风格进行定位，然后找到与之相配的厨师。随园菜的风格就是不求奢侈，但求好味。这体现在袁枚为他的厨师王小余所作的《厨者王小余传》中：

> 初来请食单，余惧其侈，然有颍昌侯之思焉，嗒曰："予故窭人子，每餐缗钱不能以寸也。"笑而应曰："诺。"顷之，供净馔一头，甘而不能已于咽以饱。

说的是随园刚建成不久，袁枚聘请厨师，在面试王小余时，王小余问袁枚想吃什么，袁枚怕他大手大脚，但又想如好饮食的东晋颖昌乡侯何曾一样吃到美味。于是说："我本贫寒出身，现在虽然发达了，但不可忘本，每餐饭花的钱不能超过一缗，你行吗？"十缗为一贯，也称一吊，一缗只有一百个铜钱。王小余笑着说我试试吧。入厨房就地取材，现场发挥，顷刻间便做出一席菜肴，味道那叫一个鲜美，袁枚一顿狼吞虎咽。王小余面试合格，自此受到重用。

好的食物不一定就得多花钱，在这点上袁枚与王小余的理解高度一致，王小余也不排斥高档食材，但他认为"能大而不能小者，气粗也；能啬而不能华者，才弱也。且味固不在大小、华啬间也。能，则一芹一菹皆珍怪；不能，则虽黄雀鲊三楹，无益也。而好名者又必求之于灵霄之炙，红虬之脯，丹山之凤丸，醴水之朱鳖，不亦诬乎？"大意是厨师只会做豪华菜而不会做家常菜，那是气粗了；只会做家常菜而不会做豪华菜，那是才能不够；能做出美味，与食材本身豪华、家常、昂贵、廉价没有关系。厨艺高强的，芹菜、腌菜都可以做出令人耳目一新的美食；厨艺不行的，即便将堆满三个房子的腌黄雀等山珍海味给他，也弄不出什么美味。那些动不动就说需何等名贵食材的，都是胡说八道。

一部《随园食单》，我们见到的多是鸡、鹅、鸭、猪、牛、羊、豆腐、青菜等普通食材，尽管也有鱼翅燕窝等高级食材，但袁枚强调要物尽其用，要"戒耳餐"。他说："何为耳餐？耳餐者，务名之谓也。贪贵物之名，夸敬客之意，是以耳餐，非口餐也。不知豆腐得味，远胜燕

　　　　　　　　　　　第四篇　袁枚的讲究

窝。海菜不佳，不如蔬笋。余尝谓鸡、猪、鱼、鸭，豪杰之士也，各有本味，自成一家。海参、燕窝，庸陋之人也，全无性情，寄人篱下。尝见某太守宴客，大碗如缸，白煮燕窝四两，丝毫无味，人争夸之。余笑曰：'我辈来吃燕窝，非来贩燕窝也。'可贩不可吃，虽多奚为？若徒夸体面，不如碗中竟放明珠百粒，则价值万金矣。其如吃不得何？"为了显示体面而堆积高级食材，他说还不如直接在碗里放百粒明珠，让客人直接打包带走算了。

二是处理好主理人与厨师的关系。

作为随园菜的主理人，袁枚对自己的美食认知很自信，自认为是家里厨师们的老师。在《随园食单》里有"戒苟且"，讲的就是他对厨师的态度：

> 凡事不宜苟且，而于饮食尤甚。厨者，皆小人下材，一日不加赏罚，则一日必生怠玩。火齐未到而姑且下咽，则明日之菜必更加生。真味已失而含忍不言，则下次之羹必加草率。且又不止，空赏空罚而已也。其佳者，必指示其所以能佳之由；其劣者，必寻求其所以致劣之故。咸淡必适其中，不可丝毫加减，久暂必得其当，不可任意登盘。厨者偷安，吃者随便，皆饮食之大弊。审问、慎思、明辨，为学之方也；随时指点，教学相长，作师之道也。于是味何独不然也？

意即凡事都不能苟且，饮食更是这个道理。厨师，多是地位低下之人，一日不加赏罚，就会偷懒。如果食物的火候不到，却忍着不说就此吃下，那厨师下次就会更加草率。而且也不能只是空赏空罚，做得好时，一定要指出好的理由；做得不好时，要找出烹饪失准的理由。咸淡须适中，不能有丝毫过度，火候、时间也一定要妥当，不能随意上菜。厨师偷懒图安逸，吃者随便不讲究，都是饮食的大弊端。审问、慎思、明辨，这是求学的方法；随时指点，互相帮助、长进，也是做老师的责任。在美食方面不也是这样吗？

袁枚讲主理人与厨师的关系，很是纠结。一方面，他高高在上说"厨者，皆小人下材"；另一方面，他跟厨师关系又很好，王小余去世，他为其写传记，还将王小余等在随园工作的老员工三十多人埋在他家的墓园，陪伴在他左右。王小余之后的厨师是杨二，他去世后袁枚为他作了四首诗。袁枚认为厨师需要鞭策，而自己比厨师高一等，可以作为执鞭之人。

他认为自己是家厨的老师，但又搬出"教学相长"，承认某些方面厨师比他厉害。比如王小余对烹饪的理解"浓者先之，清者后之，正者主之，奇者杂之；眂其舌倦，辛以震之，待其胃盈，酸以隘之"。袁枚就把这一套理论写在《随园食单》"上菜须知"中，"上菜之法：盐者宜先，淡者宜后，浓者宜先，薄者宜后；无汤者宜先，有汤者宜后。且天下原有五味，不可以咸之一味概之。度客食饱，则脾困矣，须用辛辣以振动之。虑客酒多，则胃疲矣，须用酸甘以提醒之"。在袁枚看来，他这主理人负责指点，厨师负责执行，他再总结提高，厨师再具体落实，这也是教学相长的过程。

三是严师出高徒，对厨师要有严要求。

袁枚认为自己作为主理人是厨师们的老师，老师对学生，就必须严字当头。在《厨者王小余传》中，王小余说："今主人未尝不斥我、难我、掉磬我，而皆刺吾心之所隐疚，是则美誉之苦，不如严训之甘也。"袁枚经常对王小余提出批评意见，王小余认为这是他不断进步的关键，一味地赞誉，不如时刻挑刺。

袁枚有一妾名方聪娘，原是好朋友唐静涵的婢女，因善烹调，唐静涵便把她赠予袁枚。有一天，袁枚让方聪娘做了几个拿手菜送给尹继善品尝，尹继善派人送来尹府自制的风肉作为回馈，并指明奖励"有功之人"，袁枚很是较真地回了一封信，说："夫妇人惟酒食是议，惟刀匕是供，固其职也……今不料夫子褒之又奇赏之，窃恐此辈将来以为两朝元老尚且贬少褒多，则主人平日之断断督过者，殆不足为定评，而从此放手调羹，不复婆娑相料理矣。"他认为烹饪是方聪娘的本职工作，过分奖励，会让她自以为是，将来就不好管了。方聪娘既是袁枚的妾，也负责袁枚的饮食，袁枚都如此严格，是不是有点过分？

主厨与其他厨师的关系，也应该严厉不苟且。在《厨者王小余传》中有一段很传神的描述：

> 又其倚灶时，崔立不转目，釜中瞠也，呼张噏之，寂如无闻。眣火者曰"猛"，则炀者如赤日；曰"撤"，则传薪者以递减；曰"且然蕴"，则置之如弃；曰："羹定"，则侍者急以器受。或稍忤及弛期，必仇怒叫噪，若稍纵即逝者。

这王小余简直就是一个脾气火暴的工作狂，烧菜时站在灶边，目不转睛地盯着锅，面对烟熏火燎但眼都不眨一下，厨房里大家都不敢吭声，添柴、撤火，他负责指挥，伙夫们快速响应、配合，菜成则须马上出锅。手下略有怠慢，他必大声吼叫，一顿臭骂。灶上师傅们长期烟熏火燎，抢大勺抢火候，脾气也多练成急性子，说话都带葱花炝锅味，这点袁枚是赞赏的，而王小余在工作中不仅对手下有要求，自己也身先士卒，"小余治具，必亲市场，曰：'物各有天。其天良，我乃治。'既得，泔之，奥之，脱之，作之"。这是说王小余亲自到市场买菜，回来后又亲力亲为作准备；"毕，乃沃手坐，涤磨其钳铦刀削笭箪之属，凡三十余种，庋而置之满箱"，这是做完菜后洗刷工具，搞好厨房卫生。这些准备工作和收尾工作大厨们可不愿意干，但主厨王小余会干，其他厨师也不得不跟着干，如此一丝不苟，是随园菜成名的关键一环。

袁枚关于厨师管理的这一总结，对家厨这一级别而已很到位，对现代厨师来说也有意义，认真不苟且，才能把美食做到极致，身先士卒，才能管好厨房。当然，时代不同了，主厨们还必须管理好自己的情绪，可以严要求，但不能责骂，更不能动手打人，厨房可是有刀子的，除非你命都不想要了。

我们生活的时代比袁枚生活的时代进步了太多，现代美食不仅体现的是厨艺，更是艺术和科学。对现代厨师的要求，理应比袁枚那时更高。一个杰出的厨师，应该具备扎实的基本功，在食材组合、风味构建、火候把握上具备炉火纯青的技术；食材应用上应该有国际视野，对

237

本地食材也要如数家珍，能挖掘出国内小众食材、小产地食材；菜品要有标识性，让大家一吃就知道是你的菜，要有拿得出手的招牌菜，提到哪个师傅，会自然联想到哪道菜；要有持续的创新和研发能力，当你丧失了创新能力时，也就意味着该退居二线了；身处现代，一个杰出的厨师的菜品还要有美学表现力，好吃之余还要好看，在色彩搭配、造型和食器的使用上都要美轮美奂；在全球化时代，还要求厨师们有跨文化的沟通能力，只会一口方言肯定不行，不善言辞也不行，能用英语与客人交流甚至会是未来杰出厨师的基本功；一个杰出的厨师，还要有文化传承能力，对传统风味的改良、对传统菜的挖掘和提升的热情和能力都要具备。简单地堆积高级食材，以贵的食材为卖点，以浪费食物显示高贵的厨师，只会被归入"劣厨"行列。一个杰出的厨师，同时也是一个杰出的管理者和导师，他能带领一个团队，把控好品质，他在与不在，菜的出品都应该一致。他还能带出好的团队，把自己的超凡技艺传承下去。如果能够跨区域、跨菜系、跨模式，那就是大师中的大师了。

话说回来，袁枚关于厨师技艺的领悟，在他所处的那个年代已经算是非常深刻了。

请客的讲究

　　袁枚是那个时代的网红，活着的时候已经文名满天下，能让袁枚在《随园诗话》里对诗文进行一番点评，那是相当不得了的事，有可能从此就声名鹊起，有钱又会吟诗的人也就千方百计想巴结他。他虽然远离官场，但与官员关系不错，那时的官员大多数也有钱，在美食上也多有追求，袁枚是美食家，大家也愿意跟他交流。达官显贵争相请他吃饭后，他也总结了一套"请客避雷指南"，放在《随园食单》的"戒单"中，在今天依然具有参考意义。

　　一，反对堆积高级食材。他将此称为"戒耳餐"，说："耳餐者，务名之谓也，贪贵物之名，夸敬客之意。"他认为豆腐若做得好，味道远在燕窝之上，而如果海味做不好，还不如蔬菜竹笋，又说"海参、燕窝，庸陋之人也，全无性情，寄人篱下"，也就是靠别人的味道才有味的，如同庸俗鄙陋之人。近十几年我们的精致餐饮就有这样一股歪风邪气，为了提高客单价，堆积各种高级食材，拼命推销给消费者。在高租金、高人力成本的当下，商家这种做法可以理解，可作为消费者，如果不懂得这个请客之道，挨宰就是"冤大头"了！

二，反对量多、讲排场。袁枚称之为"目食"，说"目食者，贪多之谓也"，又引用《孟子·尽心下》："食前方丈，侍妾数百人，我得志弗为也。"意思是吃饭时面前一丈的地方都摆满了食物，几百号人侍奉着，是为人所鄙视的。他曾参加过一个富商的饭局，上菜就上了三轮，一共四十多道菜，仅点心就有十六道，主人洋洋得意，而袁枚却没吃饱，回家还煮粥充饥，菜品真是丰富而劣质。他认为一席菜，厨师能做出四五道令人称道的菜就不容易了，没必要凑数。

三，反对给客人夹菜，袁枚称之为"戒强让"。他认为一道菜上桌，让客人凭自己的喜好选取想吃的部位，这才是待客之道；帮客人夹菜，将不一定是中意的菜堆放在客人面前，这才是怠慢了客人。客人又不是无手无眼，也不是小孩子或小媳妇，会因不好意思而忍受饥荒，何必用村妇小家子的见识对待客人？他还讲了一个故事，说在长安，有一家的主人特别好客，但菜做得不咋地，还总喜欢给客人夹菜。有一天，一个被请的客人严肃地问这个主人："我与你还算关系不错吧？"主人说："咱俩关系当然是相当好。"客人又说："如果是好朋友，我有个请求，你可得答应我。"主人问："有什么嘛？"客人说："我请求你以后请客，千万别叫我。"在座的人听了都大笑不已。我们从饥饿年代过来，请客时帮客人夹菜总以为是热情，这其实是饥荒后遗症，真想帮客人夹菜以示尊重，得先确认客人真喜欢这道菜。

四，反对拼酒。他说："事之是非，惟醒人能知之；味之美恶，亦惟醒人能知之。"清醒的人才能明事理，喝得稀里糊涂，就没办法品尝出菜的味道了。他说见到拼酒的人，"啖佳菜如啖木屑，心不存焉"，心思都放在酒上，吃美食就如吃木屑一样，对酒鬼来说，只有酒是最重要的，美食对他们来说无所谓。

袁枚的说法有道理，可惜他不喜欢喝酒，对于美食配美酒他并不擅长。现代宴请，无论是家庭聚餐、朋友聚会，还是正式宴请，一桌美食和一杯美酒的搭配，总能为我们带来难以忘怀的味觉体验，少了美酒，大家互相比较拘谨，话题也不易打开，结果就是大家都埋头苦干，仿如在开追悼会，可以说，现代的应酬，美食离不开美酒。

美食遇上美酒，还可以互相提升味觉体验。比如清淡而富有层次的前菜搭配白葡萄酒，白葡萄酒的酸度和清新的果香，可以很好地掩盖海鲜的腥味和油脂的厚重感，使前菜的口感更加鲜美；又比如红肉配红葡萄酒，红葡萄酒里的单宁和复杂的果香，与红肉的丰富油脂和浓郁香气相得益彰，让香味和鲜味在口腔中停留的时间更长，这就提升了整体的口感层次。袁枚自己也说："如吃猪头、羊尾、'跳神肉'之类，非烧酒不可。"烈酒配上油脂多的肉类，如干柴遇烈火，一下子就融为一体，那叫一个吃得过瘾。

但不论如何，纵酒却是品鉴美食的大忌，喝到又呕又吐，胡言乱语，这既失礼丢人，又伤身，真是何苦来哉！

袁枚的这些讲究，是有道理的，真想在美食方面有所长进，不妨认真理解他的用意。

一些美食偏见

《随园食单》是袁枚关于美食的总结，绝大部分言之有理，但也并非句句是真理，其中有部分是他自己的偏见，并不具指导意义，比如下面这几点：

第一，饭只能吃白饭，粥只能吃白粥，

他说："余不喜汤浇饭，恶失饭之本味故也。汤果佳，宁一口吃汤，一口吃饭，分前后食之，方两全其美。"

又说："近有为鸭粥者，入以荤腥；为八宝粥者，入以果品；俱失粥之正味。不得已，则夏用绿豆，冬用黍米，以五谷入五谷，尚属不妨。"

他这是坚定的白米饭、白粥派，认为只有白米饭和白粥，才能吃出饭和粥的"正味"，并点名批评了泡饭、鸭粥和八宝粥。按照他的这套审美标准，各种炒饭、煲仔饭、焗饭，以及广东人民喜欢的海鲜粥如蚝仔粥、艇仔粥、鱼片粥，通通都是歪门邪道。

这种观点就走向极端了，白米饭和白粥有它们的精妙之处，泡饭、炒饭、各种风味粥有它们吸引人的地方。饭和粥，呈现的是淀粉糊化后的风味，往其中叠加一些风味，又有何不可？再说了，有时想简便一些，将饭和菜做个组合，节省了时间，还创造了新的风味，这也没毛病。

袁老爷子在这方面也未免太固执了，他的目的是强调好的白米饭和好的粥原本之味，他甚至说："知味者，遇好饭不必用菜。"认为好吃的白米饭，不用配菜，干吃就行。又说："粥饭本也，余菜末也。"说粥和饭是本，菜是末，这是困难时期的观点，现代营养学认为人体通过饮食可获得蛋白质、脂肪、糖、矿物质、膳食纤维和水分等，营养均衡才健康，真要分出本和末，肉类提供了蛋白质，才应是本，而粥和饭提供了淀粉，最终分解为糖，属于末。所以袁枚这个观点，是典型的本末倒置。

第二，吃火锅是不懂美食？

被现代人青睐的火锅，遭到了袁枚的鄙视：

> 冬日宴客，惯用火锅，对客喧腾，已属可厌；且各菜之味，有一定火候，宜文宜武，宜撤宜添，瞬息难差。今一例以火逼之，其味尚可问哉？

他反对吃火锅，理由有二：一是吃火锅太闹腾了，二是吃火锅不讲火候，会破坏菜的味道。

这两个理由都站不住脚。首先，聚在一起吃饭，不是为了听人说教，袁枚本人也是反对吃饭时有太多礼数的，太多的规矩反而会让人拘束，热火朝天的火锅，大家自己动手，平等相待，无须论谁先谁后，这种闹腾刚好打破了正经饭局过于拘束的局面，更适合社交，这也是火锅席卷全国的原因之一。

其次，火锅也是可以讲火候的，在控制食物火候方面，火锅有时甚至可以更精准。著名的潮汕牛肉火锅，把牛肉各个部位分拆切片，各个部位涮的时间精准到秒，比煎、炒、焗、煨、焖更好控制火候，在体现牛肉的风味上也有其独特之处。

袁枚其实也并非完全反对火锅，在"野鸡五法"中就有一个烹饪方法用了火锅："生片其肉，入火锅中，登时便吃，亦一法也。"老爷子是个极具个性的人，说话有时陷入偏激，前面批判了火锅，到讲野鸡时又忘了，所以前后矛盾，但他骨子里并不完全排斥火锅。

第三，美食的表达不能出奇制胜。

别看袁枚活得很洒脱，但于美食方面他属于保守派，对新、奇、异的美食表达他坚决反对，专门写了一篇"戒穿凿"：

物有本性，不可穿凿为之。自成小巧，即如燕窝佳矣，何必捶以为团？海参可矣，何必熬之为酱？西瓜被切，略迟不鲜，竟有制以为糕者。苹果太熟，上口不脆，竟有蒸之以为脯者。他如《遵生八笺》之秋藤饼，李笠翁之玉兰糕，都是矫揉造作，以杞柳为杯棬，全失大方。譬如庸德庸行，做到家便是圣人，何必索隐行怪乎？

这段话理解起来有点费劲，大意是说每种食物都有自己的特点，不可以牵强附会制作。天生小巧的食材，比如燕窝，本身就是好东西，何必把它捶碎捏成团，把小巧的东西弄大呢？海参本身也不错，一整个就挺好的，何必把它熬成酱，改变它的味道呢？西瓜切开，放的时间稍长一点就不新鲜了，竟然还有把西瓜做成糕的。苹果太熟后吃起来就不脆，竟然还有人把它蒸了做成果脯的。他认为其他像《遵生八笺》中的秋藤饼、李渔的玉兰糕，都太矫揉造作，就像用柳枝编成漆器杯，完全失去其本来的自然大方；认为能把日常小事一件一件做好，便可算作圣人了，何必故弄玄虚，隐居修行，故作古怪呢？

这就有些固执了，袁枚自己都说"海参、燕窝，庸陋之人也，全无性情，寄人篱下"，本身没有味道的海参和燕窝，怎么摆弄都不会破坏它们的味道，因为它们没有味道。把燕窝做成一团，由小变大；把海参做成酱，由大变小，这是给人以意想不到的效果，且容易入味，有何不可？做西瓜糕，只是在糕中加入了西瓜汁、吃出西瓜味，为什么一定要大口啃西瓜？在保鲜技术还欠缺的年代，苹果太多了吃不完，为了避免浪费做成果脯，这是好主意，袁枚从苹果要吃脆的角度批判苹果脯，有些强词夺理。顺带把他不喜欢的李渔也拉出来批一通，有些不厚道。把烹饪上的形式创新说成"故作古怪"，这是危言耸听。如果袁枚看到曾经的世界传奇餐厅斗牛犬餐厅、广州的创新粤菜餐厅把菜做到认不出来，老人家估计会气到吐血。

袁枚在美食上的成就无疑是伟大的，《随园食单》也有很多值得学习和借鉴的地方，与时俱进复刻一些随园菜也还会给大家一些惊喜，苏州鼎膳·盛宴就在这方面作了尝试，很受市场欢迎，但袁枚的美食观也有时代和个人局限，我们不必把《随园食单》当成美食圣经供奉，认真汲取其营养和精华，在袁枚的基础上大胆创新，要相信，于美食方面，我们今人可以完胜古人。

后记：探寻袁枚藏在《随园食单》里的小心思

写美食，经常会说到两个人，一个是苏东坡，一个是袁枚，这两位美食家，前者经常在诗文中讲到美食，后者干脆出了本美食专著《随园食单》，提到美食想引经据典，找他们两位没错，至于什么美食来自乾隆皇帝呀，西施呀，基本上都是瞎掰。

写完《此生有味：苏东坡美食地图》，就有写袁枚的想法。袁枚讲美食，集中在《随园食单》中，他是"性灵说"的老祖宗，提倡文章要有感而发，反对装腔作势，《随园食单》的文字不难读懂，也已经有不少学者做了注释和翻译，由我来重复介绍、翻译意义不大。

袁枚是个有趣的人，也是一个脾气不小的人，他讲美食，有自己的见解，袁枚还是一个特别重情义的人，在《随园食单》里，他居然把几位钦犯、同时也是他的好朋友藏进了菜单里，用这种形式让他们青史留名。这既是智慧，也需要勇气。

当然了，仅读《随园食单》是读不出这些有趣的内容的，需要结合《随园诗话》《随园全集》《小仓山房外集》《子不语》等，才能把袁枚藏在里面的小心思、小秘密挖掘出来。

我是从有趣的角度解读《随园食单》的，尝试写了几篇，又得到周松芳博士的大加赞赏，并介绍到《书城》发表，由此一发不可收拾，干脆一鼓作气，写了46篇，发表在我的公众号"辉尝好吃"里。广西师范大学出版社刘隆进兄最先发现，约我把这些文章集结成册。应该说此书能够出版，周松芳博士、刘隆进兄功劳最巨，必须郑重致谢！

这几年是我的创作高峰期，书出得有点多，这也带来困惑：找人作序难。序，是一本书的门面，通常是找一位声名显赫的大家为自己吹嘘一通。了解袁枚、对袁枚感兴趣、本身也很有趣的人为本书作序当然最为合适，我身边还真有这样一位朋友，就是《羊城晚报》原编委罗韬，可是三年内我已麻烦他写了两次序，真不好意思再开口，在周松芳博士的鼓励下，厚着脸皮再次麻烦他，罗韬兄认真通读全稿，又欣然作序，为本书增色，惭愧惭愧！借此机会对罗公韬兄的又一次鼎力相助表示感谢！

还要特别感谢宋思维女士，她用传统工笔纸本为本书创作了17幅插图，让这本书看起来赏心悦目。

这是一本有趣的书，希望你喜欢。